浙江省社科规划课题成果（课题编号：19NDJC297YB）

建筑诗：风景建筑形式语言

Architectural Poetry - Formal Language of Landscape Architecture

高艳　黄炎子　孙科峰　著

图书在版编目（CIP）数据

建筑诗：风景建筑形式语言 / 高艳，黄炎子，孙科峰著 . — 杭州：浙江大学出版社，2021.8
ISBN 978-7-308-21589-3

Ⅰ. ①建… Ⅱ. ①高… ②黄… ③孙… Ⅲ. ①园林建筑—建筑设计 Ⅳ. ①TU986.2

中国版本图书馆 CIP 数据核字（2021）第 138771 号

建筑诗：风景建筑形式语言

高 艳 黄炎子 孙科峰 著

责任编辑 殷 尧
责任校对 李瑞雪
封面设计 项梦怡
出版发行 浙江大学出版社
（杭州市天目山路 148 号邮政编码 310007）
（网址：http：//www.zjupress.com）
排　　版 杭州青翊图文设计有限公司
印　　刷 广东虎彩云印刷有限公司绍兴分公司
开　　本 880mm×1230mm 1/32
印　　张 4.5
字　　数 104 千
版 印 次 2021 年 8 月第 1 版 2021 年 8 月第 1 次印刷
书　　号 ISBN 978-7-308-21589-3
定　　价 68.00 元

目　录

绪论

语言是一种表达和交换信息的符号系统，任何艺术都有自己特定的语言，就像绘画中的体块、色彩、线条、光影，音乐中的节奏、音色等。建筑亦有其自身的语言，建筑语言既是建筑师对时空理解和再组织的表达，又是实现具体设计构思的工具。如同作家基于对字、词、句的使用进而构成超越文字本身的故事和氛围，建筑师也通过对建筑语言的理解和运用将时间和空间凝结到建筑中去。建筑语言使抽象的建筑空间可以用于交流，这无疑是每一位建筑界人士所需要学习的。

理想的建筑空间需要通过实在的建筑形式呈现出来，其内容涉及建筑的使用功能、材料技术、时代语境、地域特色等。形式是人对于事物感知的外化表现，建筑师尝试为特定的功能探寻最适宜的形式。不同的形式可以从不同的角度反映其特征，如同画家对山的表现一般，可以有多种表达："有人侧重结构式样，表现凹凸转折的轮廓；有人着力表现岩石粗犷的质地，有人则强调空间的远近和尺度的无限性，他们都分别抽出了某些感人的方面。”[1]

本书选取“风景建筑”为样本来研究建筑与自然的关系。这里所提及的“风景建筑”并不是简单地理解为风景区中的建筑类别，而是对“把建筑作为一种风景”抑或“风景参与建筑”的建筑形式的探索。一方面试图从建筑与自然的关系中找到风景建筑的影子，另一方面从超越建筑的综合性视角总结出相关的形式语言法则，为当代的建筑行业提供一些参考。“建筑诗”一词很好地表达了我们想为读者提供的语境，诗歌本身杂糅了各种要素，其体现出的复杂而难以言喻的魅力同风景建筑带来的感知是极为相似的。将风景建筑的形式语言视为一种建筑的诗歌，虽不能囊括关于建筑的一切法则，但却可以提供一种带有自然审美的建筑范式。我们希望这种建筑范式可以成为解决现代建筑困境的一种探索，在后续的内容中将进一步阐明风景建筑的特征和实践法则。

本书的大体框架如下：

第一章旨在探究语言作为研究线索的合理性。首先阐明在西方哲学的发展进程中“语言转向”的出现以及哲学上“语言转向”和建筑学的关系。建筑语言并不是一个新名词，追溯其发展历程，其涉及内容从建筑结构的直接类比到对建筑隐喻的多重转译，建筑语言作为一种建筑从业者的信息传输方式在被不断地演绎和创新。当代风景建筑语言的研究是缺失的，现代正统建筑所主导的语言是一种都市化的建筑语言，似乎很难将那些同自然有深度连接的建筑生硬地纳入现代正统建筑领域中。由于当代建筑语汇和文法的遗传基因并没有根本性改变，想要完全放弃功能至上的现代建筑语言而单

1　罗文媛，赵明耀．建筑形式语言 [M]. 北京：中国建筑工业出版社，2001:10.

独去描述风景建筑语言是难以成立的，上述二者间具有重叠渗透的部分。因此，我们将风景建筑语言视为对现代建筑语言的补充和升华，进而形成的一种新的建筑语言体系。虽然当代风景建筑与其他建筑在基本词汇、语法、句法、修辞等方面有共同之处，但并不能否定它们独特的语言特征，因为它们对自然的态度、关注度以及反馈各有不同。

第二章旨在研究风景建筑的美学基础和文化背景。首先阐述中国传统文化对自然审美的认识，如《易经》中的自然审美倾向，先秦文化中的“中和”“天人合一”，秦汉时期的“气韵”，魏晋美学中的“物哀”，唐宋时期的“意境”等。中国古人把自然审美渗透在文字器物、诗词书画、园林建筑等传统文化的方方面面。其次是阐述西方文化对自然审美的认识。从古希腊罗马时期将自然和理性结合开始，文艺复兴时期自然只是作为艺术的前提，到启蒙运动时期人与自然的主客二分，再到工业革命时期萌生尊重自然的生态意识，后至 19 世纪的北美出现了自然主义的萌芽，随后 20 世纪西方美学的研究从艺术逐渐转向了自然，并派生出环境美学，其过程揭示了西方对自然审美观念的转变。基于对东西方自然审美观的理解和剖析发现，其二者之间的差异界限已然开始模糊，而自然审美中具有普遍性的本质特征成为人们新的关注点。在这一章中论述了自然审美的概念和最高审美境界（自然美）的力量，指出自然审美价值就是要建立人与自然在物质和精神上的共同联系。由于城市集中化导致人与自然对峙引发了严重的环境问题和生态伦理问题，因此建构新的具有自然审美精神的风景建筑设计语言体系是刻不容缓的。

第三章论述了自然审美下风景建筑的基本定义和涉及范围。首先明确风景建筑的概念，强调本书提出的“风景建筑”和传统意义上的“风景区中的建筑”含义的差异性，自然审美下的风景建筑指可以与自然交互的建筑体系，其具有更加宏观和普适的含义。本章引用和论述了大量古今中外的建筑案例，并借设计者的语言点明了自然环境是人类心灵和精神的寄托，其承载了人们最初对居住空间的理想，自然既是万物的集合，又是万物的载体，自然环境是建设风景建筑的基础背景和核心要素。立足于基本概念，第三章进一步提出风景建筑的审美准则——“自然而然”。风景建筑从自然中获取灵感，使用属于自然的建筑语言，运用“自然”建筑的营造方式，适应地域而生长，从而唤起人们关于场所的情感。另外，通过挖掘风景建筑的形成过程以及辨析风景建筑与其他流派的异同，进一步明确风景建筑的普遍性和特殊性。在形式上，风景建筑脱胎于现代主义建筑，又是对现代主义建筑形式的突破和整合，同时吸收了隐喻性、装饰性、环境关联性等后现代建筑特征，形成了自然和人文高度融合的建筑形态。在理念上，风景建筑也是对过去可持续建筑模式的传承和超越，糅合了生态建筑的生态伦理观念、绿建筑的评估指标以及有机建筑的设计理念和建筑手法等。从过去到现在再到未来，风景建筑的表现形式在不同的时代语境下皆有所差异，但其所体现的人与自然交融的关系，在自然美学指导下营造健康、舒适、可持续的人居环境的内涵是相同的。

第四章主要归纳总结风景建筑的形式语言法则。通过对优秀的建筑案例的整理和分析，从中提炼出 8 条具体的形式语言法则：自由与非秩序、图底反转、多维透视、非线性反三维图视法、反雕塑的弱原则、边缘消解、仿生与自然形、呼吸的表皮。这 8 条形式语言法则看似简练，但其中涉及多门学科的交叉融合，包括心理学、哲学、地形学、生物学、物理学等等。建筑既是一门工程，又是一门艺术。风景建筑更是关乎人与自然共存的问题，因此第四章以一种综合性视角阐述风景建筑的设计法则。法则的运用尺度灵活多变，运用方式因物而定，运用场合因地制宜。风景建筑是从自然中生长出来的建筑，其法则也最大限度地贴近自然的生成规律，从而贯彻“自然而然”的审美准则。另外，本书仅仅分析了8条，这些形式语言法则只是设计中相对普遍和适用的，但风景建筑的形式法则绝不局限于此，还存有更多的可能性，就像自然规律是永恒发展的，风景建筑的语言更新也是不间断的。本书归纳的法则能够帮助解决建筑与自然相融的问题，并能以建筑服从自然的观点来审视其自身。风景建筑的语言法则与古今建筑师都相关，我们要用新的思维去“读”和“写”过去认识的建筑。建筑领域缺乏对风景建筑语言的总结，所以其研究具有非常积极的现实意义，其成果将为风景建筑的创作提供理论基础，也为当前建筑设计行业提供一种新的探索方向。

第五章总结风景建筑研究中的不足以及对未来的展望。立足于对未来建筑发展的思考，对风景建筑现有研究中的一些理念进行诠释。风景建筑所关注的并不是成为一种建筑类型，也不是仅仅提出一些实践法则，而是其背后对栖居的思考和对人地关系的构建。风景建筑语言试图从建筑中寻找到一种本真的“诗意”，并通过这种“诗意”去复原人类对于建筑的理想。

第一章　作为语言的建筑

一、语言的介入

但凡涉及信息的传递沟通，我们便绕不开语言。若没有语言，所有需要表达的东西只能停留在思维层面，不能构成逻辑亦不能交流。语言满足了人对表达自由的需求，同时语言也使人在思辨和批判的过程中变得更加完整。一门高度发展的学科势必拥有高度自由的语言系统，初阶语言作为基础工具构建学科的底层结构，而高阶语言发展到一定程度会对原有的学科知识系统进行批判和反思。

从语言视角切入建筑学中，需要我们重新审视语言的背景，那势必要回到语言哲学的发展进程中去，语言学和哲学之间的关系是紧密交织在一起的。卡尔·奥托·阿佩尔将西方哲学的发展总结为三个阶段：古代哲学注重本体论；从近代开始，哲学注重认识论；到20世纪，哲学注重语言。现代哲学回归对语言的思考，其关注点在于：人类在何种"意义"上认识世界——而意义的首要载体就是语言。[1]由此可见，无论以何种方式去分析哲学的发展历史，在现代哲学中发生"语言转向"都是不可回避的事实。

20世纪初，在面对全新的社会矛盾、自然现象以及科学发现时，人们开始寻求新的理论解释。而在使用新逻辑分析时，人们意识到过去的古典哲学面临一些混乱和模糊，源自语言的错读与误解。为了明晰概念并准确地表述观点，以数理逻辑思想为基础的分析哲学应运而生，其以语言分析作为现代哲学的方法，主要包括逻辑经验主义和日常语言学派以及一些其他相关的哲学流派。现代哲学中其他主要流派如现象学、存在主义、结构主义、解释学等也都在不同程度上具有语言反思和语言批判的特征。[2]

现代语言学的建立和发展对哲学中的"语言转向"有着重大的影响。瑞士语言学家费尔迪南·德·索绪尔区分了语言与言语、语言的内部与外部、共时语言研究与历时语言研究、能指和所指等一系列概念，确立现代语言学的基本原理。[3]索绪尔提出语言是一种形式，而不是实体。他认识到语言相对于精神和物质世界的独立性，其是一个符号系统。爱德华·萨丕尔认为构成文化的整个社会行为领域，事实上表现了一种按照语言模式进行"编码"的活动，通过语言的"编码"手段和自然发生关系。[4]列维·斯特劳斯将结构主义语言运用

1 陈嘉映．语言哲学 [M]. 北京：北京大学出版社 ,2003:14-15.

2 程悦．建筑语言的困惑与元语言 [D]:[博士学位论文]. 上海：同济大学 ,2006:23.

3 约翰·莱昂斯在《理论语言学导论》中曾概括地提出现代语言学的六个最重要的特征。它们是：（1）口语占优先地位；（2）语言学是一门描写性而非规定性的科学；（3）语言学家对所有的语言都感兴趣；（4）共时描写占优先地位；（5）重视语言的结构分析；（6）区分"语言"和"言语"。（戚雨村．现代语言学的特点和发展趋势 [J]. 外国语 (上海外国语学院学报),1989(05):3-11）.

4 王铭玉．语言符号学 [M]. 北京：高等教育出版社 ,2004:144.

在人类学中，通过探讨神话背后恒定的结构来寻找“人类思维”的真理。艾弗拉姆·诺姆·乔姆斯基开创了转换生成语言学，提出“普遍语法”，他言明所有语言都存有基本的结构，孩童被假定天生拥有适用于“普遍语法”的知识，因此不同种族的语言可以具有翻译的可能。

哲学的“语言转向”分为两个阶段：语言学阶段和话语学阶段。前者更关注语言本身的意义，将语言从日常环境中抽离出来作为一门纯粹的学科；后者进一个层次去探求语言的本质，挖掘语言的内涵和外延。基于这样的特性，有学者指出将语言研究移植到建筑学中，不仅仅是一项描述性和归纳性的工作，而且也是一项批判性的工作。[1] 虽然建筑学中语言发展的进程直到今天依旧是较为浅层的部分，且涉及的内容尚未触及真正核心的部分，但是建筑语言的介入和自我完善是建筑学学科推进中不可或缺的环节。

二、建筑语言的发展历程

在建筑学中，将建筑作为一种语言来思考并不是一个罕见的表达方式，语言观念和建筑的结合经历了一个漫长的发展过程，如同陈伯冲所言：“人们企图挖掘建筑形式本身所具有的传达含义的潜能。这方面的理论话语总是与语言、言语以及非言语搅在一起。”[2]

反观历史，早在西方中世纪以前，语言在建筑学中的概念虽尚

1　程悦 . 建筑语言的困惑与元语言 [D]:[博士学位论文]. 上海 : 同济大学 ,2006:24.
2　陈伯冲 . 建筑形式论——迈向图象思维 [M]. 北京 : 中国建筑工业出版社 ,1996:27.

未清晰但却有所涉及。在维特鲁威《建筑十书》中依托古希腊语言学、文学、哲学，以及亚里士多德《诗论》分析悲剧的方法将建筑的构成划为“秩序、布置、匀称、均衡、得体、配给”6个要素，这在一定程度上展现了词源学背后的空间性。[1]《建筑十书》中提出了古典柱式这一古代西方建筑工程的重要要素，柱式结构可以视为一种古典建筑语言的基本词汇，但此种结构比拟只能视为建筑类比语言的前身，其本身并不构成章法。一个半世纪后的意大利文艺复兴时期，受到维特鲁威影响的莱昂·巴蒂斯塔·阿尔伯蒂的《论建筑》，贾科莫·维尼奥拉的《建筑五柱式》，以及安德烈亚·帕拉第奥的《建筑四书》，这些欧洲学院派的教科书也都有所涉及。

17世纪至19世纪，对建筑语言的朦胧描述依旧进行着，建筑师和相关的建筑从业者们并没有放弃寻找一种更加直观的且有效沟通的表达方法。杰曼·博弗兰德在《论建筑篇》中就将建筑和线脚等部件的关系类比为“语言”和“单词”之间的关系。而西萨·达更是直接地指出“建筑是一种语言”，通过构建和诠释建筑语言才能避免建筑风格的单一性。另外，约翰·罗斯金在《建筑的七盏明灯》一书中揭示了建筑和语言之间的关联，其以哥特式建筑为分析对象提出了建筑的七大原则：献祭、真实、力量、美感、生命、记忆和遵从。这些原则大多使用了抽象的名词，不同于简单地在字面上理解的秩序和法则，而是更强调人的感知和体悟。

19世纪下半叶至20世纪初，现代主义运动轰轰烈烈地展开，大量新的建筑理论和设计思潮遍地开花。建筑观念虽在内容上有所

1 魏琰，乔治，苏义鼎．比例·美——解读维特鲁威《建筑十书》中的比例理论 [J]. 包装与设计，2019(04):120-121.

更替，但在那样的建筑学"革新"中关于建筑语言的本质突破依旧没有出现。1923年，机器美学的奠基人勒·柯布西耶在《走向新建筑》中提出了现代主义建筑的一个经典比喻——"房屋是居住的机器"。随后他又提出了"新建筑的五个特点"：（1）房屋底层采用独立支柱；（2）屋顶花园；（3）自由平面；（4）横向长窗；（5）自由的立面。同时他也强烈地回驳了建筑和风格的关系，指出"建筑与风格毫无关系……风格是一种'欺骗'"。瓦尔特·格罗皮乌斯对于风格的看法与柯布西耶持有相似的观点。可见现代主义对风格的批判在一定程度上已经窥探到建筑更深层的含义，从怎么表达（风格）转向表达本身（语言），建筑师的关注重点开始从外在的表象转移到内在的构成逻辑和空间意义上。密斯·凡德罗认为建筑作为一种语言，必须要有停顿，建筑不仅仅表达时间，更像是一部史诗，具有时间性和叙事性。同一时期，另外一位现代主义建筑的代表人物弗兰克·劳埃德·赖特提出了有机建筑的理念，其强调建筑和环境的和谐，注重地方性和人文关怀。赖特用9个词语解释有机建筑的基本含义以及其背后的隐喻[1]，并提出有机建筑基础的6个具体原则。赖特在表述有机建筑时大多用一些带有比喻色彩的法则或是抽象的词汇，看上去更贴近一种叙述而不是方法，在信息的传达过程中往往需要读者二次转译。

至20世纪下半叶，随着大的哲学背景和思想方向的变更，将建筑比拟为语言的观点达到了全盛时期。1941年希格弗莱德·吉迪恩在

1　20世纪50年代初，赖特为了解释和回答为什么有机的建筑是理想民主的自由建筑，他列出了一个由九个词语编成的词条。这九个词语是：自然、有机、形式跟随功能、浪漫、传统、装饰、精神、第三向度、空间。（布正伟.建筑语言概念的由来与发展[J].新建筑,2000(02):29-32）.

《空间、时间与建筑》中提到时空建筑关注整个技术历史的演变，是用比较的方法来探索历史，用空间的角度来分析建筑，其提出建筑的共时性和历时性。“在艺术中，时期通过‘样式’来区分，‘样式’在每个发展阶段都变得固定和确定……但也许时期之间构成事实的联系和关联，对我们而言，比诸如样式之类的自我封闭实体更为重要。”[1] 吉迪恩对“样式”背后的“结构”的关注是继现代主义对风格批判后的进一步突破，其提出了关于联系之间的“恒与变”，进而跳到一个更宏观的视角去看建筑如何连接时间和空间。关于建筑语言的思考和运用在 1949 年鲁道夫·维特科尔的《人文主义时代的建筑原理》一书出版后得到了更加强烈的回应，人们开始更加重视建筑的“交流”问题，进而从对形式的关注转向对原则的提炼。在此时建筑语言的话语权主体除了建筑师以外，还包括了大批建筑评论家、历史学家，他们的参与极大地推动了建筑语言的普及。

约翰·萨莫森于 1964 年撰写了《建筑的古典语言》一书，用语言学的框架进行建筑分析，提出了建筑语言的“语汇”和“语法”[2]，并探讨这套语言是如何发展运用的。例如他提到了建筑语言中的修辞手法是如何体现的，通过对过去历史的回顾来论证建筑古典语言的合理性，以及古典语言在现代建筑中是如何存在的。而相对的，1973 年布鲁诺·赛维的《现代建筑语言》则是在反古典主义原则的基础上提出了现代建筑的语言。他认为应该用同一种范畴来品评现代建筑和若干世纪以来的历史建筑，不能一种是对现代建筑的评价

1 Siegfried Giedion.Space,TiMe and Architecture[M].Cambridge:Harvard University Press,2003:21.

2 赖德霖 . 解析西方建筑的“文法”和“语汇”——《建筑的古典语言》介绍 [J]. 美术学报 ,2018(01):110-114.

范畴，另一种是对古代建筑的评价范畴。[1] 赛维在建筑和语言结合的过程中规避了语言学背后的哲学命题，他通过分析大量现代主义经典的建筑作品，提炼出一套现代建筑语言体系，用来取代被学院派公式化了的古典主义建筑语言，主要可视为 7 条原则 [2]，并且这些原则之间存在着秩序关系。赛维指出它是所有创见性的建筑学的真实传递，在整个建筑史中，建筑语言的经典化标志着建筑学的成熟。文字作为一种制度化了的信息交流方式，区别了历史和史前史，由此可见语言在学科构建上具有极为深远的意义，但赛维提出的这种语言很难将它定义为建筑学的终极真理，只能说它是一种暂时性解决部分实践问题的守则。

相比抽象的设计指导法则，1977 年克里斯托弗·亚力山大的《建筑模式语言》一书则是将建筑语言具象到某一种模式形态。面对现代主义形成单一、刻板的建筑语言，亚历山大的模式语言试图从生活中找到建筑语言的原始形态。空间的表述和空间规模被联系在一起，从大到小，共归纳了 253 种模式语言。每一种模式都不是独立的，而始终处于一种上下文之中。直线的模式序列确定了任何一种模式语言，既和一些大的模式联系，又和较小的模式相关。模式语言使建筑设计成为同孩童组建积木一样的简单游戏，同时又解释了每一块积木背后复杂的设计原理。亚历山大强调诗意在语言表达过程中的重要性，好的空间具有深刻而丰富的意义，这是形式和隐喻

1　华珺 . 建筑批评范式的转向——从语言学批评到话语学批评 [J]. 建筑学报 ,2009(S1):111-114.

2　赛维提出的七条原则包括：（1）按照功能设计；（2）非对称和不协调性；（3）反古典主义的三维透视法；（4）四维分解法；（5）悬挑、薄壳和薄膜结构；（6）时空连续；（7）建筑、城市和自然景观的组合。（布鲁诺·赛维 . 现代建筑语言 [M]. 北京：中国建筑工业出版社 ,2005）.

达到高度统一后所呈现出来的。

20 世纪 60 年代后，后现代主义的兴起为建筑语言的深化和扩展带来了新的机遇。1966 年罗伯特·文丘里的《建筑的复杂性与矛盾性》成为最早的后现代主义建筑理论宣言，其提出对建筑的复杂和矛盾的需求，而非简单的排他性的统一。文丘里采用了文学评论手法，将分解和比较作为工具对现代建筑语言进行解剖。后现代主义面向现代主义，同时又是对现代主义的修正和批判，因此后现代建筑语言不论在词汇的表述还是在词义的诠释上都是对过去语言方式的一种革新。文丘里在 1972 年撰写的《向拉斯维加斯学习》中关于“装饰的棚屋”和“鸭子”[1]两种建筑背后符号意义的探讨，揭示了建筑语言在语用学上的应用，并进一步探究了符号和解释者之间的关系。而相比文丘里关注建筑符号指向的语言意义，詹克斯更关注建筑作为语言本身的价值。[2]1977 年詹克斯在《后现代建筑语言》中从语言学和符号学的视角切入建筑学，进一步深入了后现代建筑语言论述，指出建筑的天性是一种语言。其重视对建筑隐喻的解读，隐喻带来的多重解读可视为建筑的多重译码，其中最为显著的译码可以大致归为两层：一层是建筑空间受建筑师以及建筑相关专业人员的关注，他们非常关注特定的建筑艺术语言；另一层是建筑面向普通群众，他们作为实际空间的参与者，对传统房屋形式和生活方

1 一座快餐店的内部空间和结构按照餐厅的功能要求设计，最后在入口处挂上热狗或汉堡的图样，就是一个“装饰的棚屋”。而所谓“鸭子”，则指的是将建筑设计成符号化的非常规形体，或是直接设计成表达功能的符号，比如把快餐店设计成热狗或汉堡的形状——而“鸭子”这一名称，就源自美国某座被设计成鸭子形的鸭肉店“长岛鸭仔”。文丘里将“装饰的棚屋”称为“作为空间的建筑”，而把“鸭子”称为“作为符号的建筑。（后盾 . 隐喻的含义和表达——詹克斯和文丘里的后现代建筑理论比较 [J]. 华中建筑，2009, 27(11): 17-19）.

2 沈语冰 .20 世纪艺术批评 [M]. 杭州：中国美术学院出版社 ,2003:217-232.

式保有日常的关注。因此詹克斯将两元性视为后现代主义建筑的核心特征，而体验式文化的不连续性创造了后现代主义的理论基础和“双重译码”。[1]

随着语言学和建筑学的结合逐步深入，越来越多的相关的建筑理论和观念开始在语言上进行拓展和反思。在 20 世纪后期，关于建筑语言的研究著作内容还涉及类型学、现象学、形态学、几何拓扑学、环境行为学、环境心理学等方面，其内容洋洋大观。

1966 年，阿尔多·罗西提出建筑和城市的类型学理论。罗西认为建筑的本质是文化习俗的产物，所以他从历史的建筑中抽取出一种简化还原的产物，这种产物是从精神和心理上抽象出来的结构，这些结构是类型的“原型”。类型学基于建筑城市的类似性，遵从“类推”的设计方法。“类推”是一种原始而不可言说的表达方式，所以在建筑语言的表述上，类型学放弃传统文字的表达方式而是回归到抽象的图形语言上。1957 年加斯东·巴什拉撰写的《空间的诗学》则从现象学的角度出发寻找建筑语言的至高奥义。巴什拉提出了“梦想”作为语言空间创生的核心力量，阅读诗歌激发了人们的想象并构建人内心的感知空间。这里所提及的关于建筑语言的认知已经不再是简单的语言类比，或者对实际存有的具体符号的抽象概括，而是反过来从复杂而丰富的人类语言中构建出对建筑空间的想象。另一位建筑现象学派的克里斯蒂安·诺伯格·舒尔茨在继承和发展马丁·海德格尔思想的基础上，建立了一套相对连续、完整的建筑

1　［美］查尔斯·詹克斯．后现代建筑语言 [M]. 李大夏译．北京：中国建筑工业出版社 ,1986:1-2.

现象学研究方法。[1]舒尔茨的相关著作显示了对“存在空间”模式的关注，他提出了“场所”的概念，以探究建筑作为生活情景的“具现”在精神层面上的含义。1984 年，比尔·希利尔和朱利安妮·汉森的《空间的社会逻辑》以及 1996 年《空间是机器——建筑组构理论》等书出版，希利尔等学者在计算机发展和数字化逐渐普及的背景下，提出了以几何拓扑学为基础的空间联系理论——空间句法。“句法”援引的意义即为语言学中的句法，希利尔称“句法是与人造物有关的不完善的数学……将句法应用于其中的一系列人造实体，可以被称作一种形态的语言。”[2]空间句法的提出彰显了建筑师和理论学家在数字时代背景下对建筑语言的新探索，他们试图借助新技术来破解空间背后的本质逻辑。

在近几十年，建筑界关于语言的研究虽不及 20 世纪狂热，但依旧在源源不断地输出，如卡斯腾 · 哈里斯的《建筑的伦理功能》，布莱恩 · 劳森的《空间的语言》，罗文媛的《建筑形式语言》，阿尔伯托·佩雷兹 - 戈麦兹《建筑在爱之上》等。

三、如何阅读建筑

通过上述回顾，可以发现建筑语言的发展并非单一的线性进程，其研究内容深浅不一，方向多元。上述提及的“建筑语言”既有从

---

1 刘佳妮 . 基于建筑现象学的江南传统村镇聚落形态分析初探 [J]. 城市建筑 ,2020,17(05):76-79.

2 Bill Hillier,Julienne Hanson.The Social Logic of Space[M].CaMbridge: Cambridge University Press,1984:48.

表面文字意义上理解二者的简单认知，也有涉及内涵和外延的特指概念，但绝大多数理论成立的前提是，公认建筑作为一种可阅读的“文本”，其存在具有先天性的可理解性和意义。那么在试图去“阅读”建筑之前，需要回到一个更为基础的问题——建筑是否是一种语言？目前，对这个问题的认识大致可分成三种模式。

第一种模式认为建筑不可以作为语言，不能将语言学的方法直接搬到建筑上，因为两者中间有很多不能逻辑自洽的部分，建筑语言只是一种比拟方式的表述，而真正的建筑语言其本身应该具有自己的话语体系。

第二种模式是最为常见的类比语言，将语言学框架套在建筑实体中。这种模式认为建筑语言犹如自然语言一样可以寻找出基本元素、组合规律，进而影响建筑设计。[1]赛维将建筑语言视为现代建筑设计的法则，詹克斯认为建筑语言是多重转译后的认知结果，亚历山大将建筑语言归为现实建筑的抽象模型。这种类比语言对于建筑学来说是有一定意义的，建筑的类比语言从大众的“一般知识”中提出了“设计知识”，而这种设计知识为建筑师和建筑行业人员提供了可以沟通的工具，同时也为建筑对自身的批判提供了基础样本。

第三种模式是从符号学角度出发，认为建筑和语言之间可以建立联系，但是不能直接构成联系，而是从语言学中找到一个更统一的理论去建立建筑学和语言学的共同基础。在对于追寻建筑和语言连接点的过程中，不论是语言学家还是建筑师、评论家或是理论家都转向对“元语言”的探索，同时不同主体对“元语言”的定义都不相同。元语言具有多重含义和认知，因此其并不能导向一个统一

1　阴慧玲. 建筑语言与迪朗的类型学的差异 [J]. 南方建筑 ,2005(03):63-64.

的终极真理。就像福柯认识到的那样，语言是含混的、模糊的，目前看来第三种模式也并不能寻找到建筑和语言的中间桥梁。

在编纂一种新的建筑语言或法则时，难以做到涉及所有理论问题，若强行要给其背后的抽象理论一个答案，那要么形成一套自我逻辑自洽的理论系统，要么回归到哲学上的根本矛盾。本书所提及的建筑语言是一种类比语言，而且更强调其作为符号意向的概念。若强行将建筑语言回归到语言学上，其很难直接指导现实生活中建筑师所面临的困境。因此，我们试图建立一套中间语言，去维系空间概念和语言表述之间的关系。

基于这样的语言定义，回归至本书所关注的风景建筑语言中。在现代化进程中，建筑设计和环境规划的从业者们依旧要面对人和自然的平衡问题。现代主义建筑的核心理念是功能至上，它是为了解决近现代大规模城市化进程中出现的问题、为了适应工业化大生产以及用来满足人们基本的使用需求而产生的一种建筑形式。它能解决效率化的、工业化的问题。现代建筑是都市化的建筑体系，主导它的建筑语言是一种都市化的建筑语言。但这种语言存在着一些问题：第一，它是理性主义的，是适合于按人类理性秩序建造的都市，不适用于城市以外的郊野和乡村。第二，它的功能至上的理念产生了机器美学，能够既快好省地解决功能问题。这里所谓的功能仅仅指使用效率和基本物理、化学指标。因此，它产生了使人类物质文明在某一阶段容易得到满足的环境方式，但其方式并不适用于物质文明高度发达以至于基本功能可以轻而易举得到解决的今天。

当代现代主义建筑的发展虽然呈现出多样化，但由于它的根基奠定于 19 世纪末 20 世纪初，想要放弃功能至上是非常困难的，因为当代建筑的许多基础词汇、修辞的基本遗传基因都没有改变。本书试图跳脱出现代主义原有的系统框架内，将关注的视角从建筑本身或者建筑和建筑之间的关系转移到建筑与自然的联系上。无论风景建筑是什么形式，它的语言好似文学艺术语言那般善于表达丰富的、复杂的自然情感。在现代建筑理论研究中风景建筑虽有所提及，但是绝大部分内容仍处于缺失的状态。由于没有当代风景建筑语言的研究，似乎在风景区与自然景色优美的区域都不是由现代正统建筑影响可达到的领域。多少年来人们对于风景建筑的定位只是正统的现代建筑的例外，只是正统的现代建筑为了与环境相适应而勉强进行的形体、风格的调整，就像赖特的有机建筑遗产并没有得到系统的发展。

另外，风景建筑语言是在现代建筑语言之上的语言，其对原先的现代建筑语言进行补充和升华，进而形成了一种新的建筑语言体系。当代风景建筑也会带有一些现代建筑的形式特征，它仅仅以建筑所处的环境为区分，其语言能够成为一种独立的语言吗？回答这个问题可以以诗歌为比喻，诗歌与小说同为语言文学，有相同的语汇和共同的基本语法，它们却有不同的艺术语言。同样，风景建筑与其他建筑在基本词汇、语法、句法、修辞等方面有共同之处，但并不能否定它们独特的语言特征。（图 1-1）

当代风景建筑语言与现代建筑语言存在着一定的联系，也许我们可以用赖特的流水别墅和密斯的巴塞罗那德国馆相比较。虽然它们同属于现代建筑，使用的语言也有许多共同之处，但它们绝不是同一种无法辨析风格差异的作品。它们对自然的态度、关注度以及反馈的不同，使其有了明显的区别。这种区别总体来看有两点：一

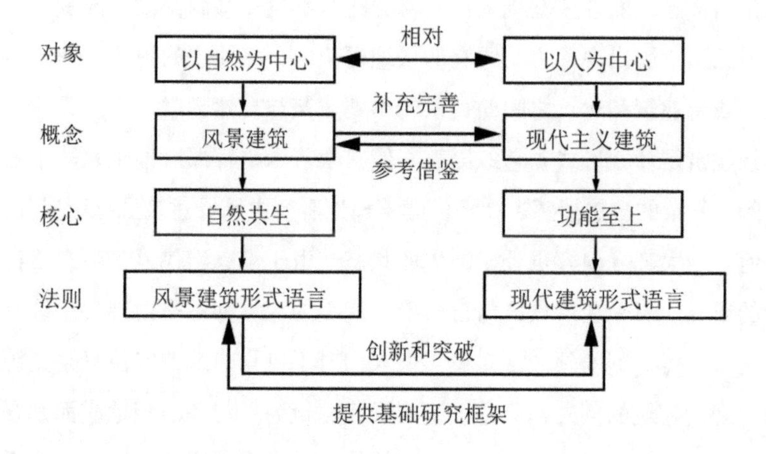

图 1-1　风景建筑语言与现代建筑语言的关系

方面，自然是主体，支配着建筑的生长；另一方面，自然环境成为建筑的重要元素。虽然书中列举的有些实例并非位于自然中的建筑，但它也属于风景建筑语言体系，就好像作为一种词汇、句法在诗歌中经常出现并不意味着在其他文体中不被采用。而大量处于自然中的建筑却并没有采用本书所论述的风景建筑语言来进行建造，这就像许多人在特定的场合下并不知道该场合应有的着装要求及合宜的举止，也许旁人会觉得可笑。对于这种建筑艺术的迟钝，恰恰掩盖了许多可笑的事实，其实在专业领域中很多从业者对于设计语言并不具备足够的敏感，所以归纳总结出风景建筑语言已经迫在眉睫。

第二章　自然审美观

研究风景建筑的形式语言首先要研究风景建筑的美学基础和文化背景。对于自然的审美观念，很难用简单明了的术语来描述，因为它不是概念式的，而是广泛的理论问题，其解释不可避免地渗透进文化和哲学之中。

一、中国传统文化对自然审美的认识

对自然的审美早已存在于中国传统文化之中，对人和自然之间联系的探寻是中国自然生态观的核心命题。中国传统文化哲学思想可以追溯至《易经》，其试图探求自然界内在的哲理。《易经》有言："阴阳二气化生万物，万物皆禀天地之气以生。""气"为万物之本，"生"则是"气"产生和流动的表现，可见在中国古代哲学观念中，事物是流动的、变化的，而非静止的、固定的，人和自然的关系是以"生"的形式联系在一起而"不息"的。《易经》中提出"自然而然”的哲学奥义，这种对天人关系的探求奠定了中国传统中的自然审美倾向。

先秦时期，由于阴阳五行学说的盛行，产生了“中和”的审美形态，它是强调对立的、有差异的各种因素和力量之间的求同存异、多样统一、平等共生、相互渗透、融会贯通。[1]“中和”最根本的审美特征就是“天人合一”。不同的学派对“天人合一”的解读也各不相同。道家认为天是“自然”，自然是万物的源头，同时也是世界不断创造演替的内在动力。在天人关系上万物平等，人作为万物之一并没有特殊之处。老子指出“人法地，地法天，天法道，道法自然”（《道德经》第二十五章），庄子言：“以道观之，物无贵贱”（《庄子·秋水》），可见在道家的自然系统里，各个部分环环相扣，并无价值上的高低之分。道家对道的思考体现了中国古人对自然宇宙中所蕴含的科学和美的探寻。道家强调“无为”“知止”“贵生”“爱物”，构建了有机和谐、物无贵贱的生态伦理原则和自然审美观念。[2]而儒家的天是“天常”“天命”“天道”，儒家认知的天人合一更强调其关于道德伦理的“人文”内涵。天作为物质世界的源头，天地万物各有其运作的规律，孔子对自然原始规律报以一种尊重和敬畏。而荀子道“天地者，生之本也”（《荀子·礼论》），“制天命而用之”（《荀子·天论》），荀子认为自然是一切的根本，人可以根据自然的规律而合理利用自然。“仁”作为儒家观点的核心和根本，人之所以为人是因为有“仁”。王阳明言“天地万物一体为仁”，描述了天地人贯通一体的宇宙观。圣人怀有大爱，同天地万物心系一感，能推己及物，

1 朱立元 . 美学 [M]. 北京：高等教育出版社 ,2001:199-200.

2 董军，杨积祥 . 无为、知止、贵生、爱物——道家生态伦理思想探析 [J]. 学术界 ,2008(03):202-205.

才能达到真正的物我相通。由此可知，虽然不同理论对天人合一有着不同的解读，但不论是道家的“天地与我并生，万物与我为一”，还是儒家的“仁民爱物”，都表明了中国传统文化蕴含着自然与人文融合互感的审美精神。

“气韵”这一审美形态，始于秦汉而成熟于魏晋。气韵的审美特征表现为鲜活而充盈的生命力以及源发于自然的天然美感。气韵本身就包含着注重自然的审美特征，它不仅是对自然现象的描摹，更是对自然气韵的提炼。气韵融合了人的主观精神世界与自然的客观物质世界，是整体性和模糊性的生动表现。气韵在中国绘画理论中影响重大。南齐著名的画家谢赫在《古画品录》中提出绘画的“六法”[1]，第一法就是“气韵生动”，即指完美地再现出对象之“神”，体现了与自然根本规律合为一体的意向。“气”生发了“动”，才达到了具有生命般的自然美。

在魏晋时期，中国人与自然建立起独立而又完整的审美体系。魏晋美学达成了自然美与“物哀”美学及超越精神的结合。魏晋美学是对道家自然观的传承和发展，并在其基础上建立了玄学的自然观。道家中所言的“道”或“自然”指代的是包括自然界本身的万物本源。而在这一时期，自然界开始作为独立的审美客体，具有了自己的审美价值。山水审美展现了士人们对自由生命意识的追求，他们开始挖掘自然中的生机和野趣。基于对自然的高度共情，魏晋美学产生了在哲学意义上对生命的感伤和缅怀，跳脱出儒学“哀而不伤”“发乎情而止乎礼”的规训。士人们高喊着“圣人忘情，最下

1　“六法者何？一，气韵生动是也；二，骨法用笔是也；三，应物象形是也；四，随类赋彩是也；五，经营位置是也；六，传移模写是也。”

不及于情。然则情之所钟，正在我辈”的宣言，从万物生灵和时空辗转中解读“物哀”的悲壮美学。此外，魏晋自然美学的独特之处还在于源于自然而高于自然的超越精神。士人们将自然山水作为其感情的投射，又从其中获得关于自我生命的启迪，客观的自然百态同主观的心智思想融为一体，天人交际，达到精神的超越。魏晋风骨的超然旷远，同当时人们对自然的沉思和体悟是不可分割的，嵇康“目送归鸿，手挥五弦”，心游物外，潇洒淡然；阮籍“与造化为友，朝飧汤谷，夕饮西海，将变化迁易，与道周始”，超脱外物，回归本源；陶潜“结庐在人境，而无车马喧”，以心向道，悠然自得。由此可见，在中国美学的确立之初，自然作为审美对象，其产生的效果和影响都不容小觑。

到了唐宋时期，由于禅宗的影响、文人画的勃兴、宋明理学的发达，中国审美精神集中表现为“意境”说。意境一词源自先秦哲学“意”“象”和佛学术语“意”“境”。[1] 在王昌龄的《诗格》中将诗分为三境，一曰物境，二曰情境，三曰意境。至宋代，“意境”的内涵更加丰富，苏轼提出“境于意会”，认为诗歌应当“得之于象外”，又有严羽提出“别材”“别趣”等观点，其在《沧浪诗话》中用一系列隐喻来描述“意境”的特质。如“透彻玲珑，不可凑泊，如空中之音，相中之色，水中之月，镜中之象，言有尽而意无穷”。“意境”的“意”是境中之意，“意境”的“境”是意中之境。其审美特征为多种情与景的互相交融，以自然中的生命物质为媒介，虚与实相互生发，形成无穷无尽的韵味，使人超越了时空的限制，在

1 彭立勋.从中西比较看中国园林艺术的审美特点及生态美学价值[J].艺术百家,2012,28(06):74-79.

图 2-1　中国象形文字

精神上获取了审美的自由。意境诠释了“天人合一”的、倾向于自然审美的文化精神。

在中国传统的生态哲学观里，人的“生存”与自然的“存在”是一种相互依存的关系，人是在生存中体会自我，在审美关系中体认到自然，进而感受到自然的审美经验。中国古人对自然现象的总结和自然精神的体悟渗透在中国传统文化的方方面面，如文字器物、诗词书画、园林建筑等皆可以窥见中国古人的自然审美意识。

在史前时代，源自自然的动物纹和植物纹在器皿装饰图案中占据了主要地位，较为典型的有半坡的鱼纹、庙底沟的鸟纹、河姆渡的稻穗纹等。原始时代的纹样体现了人类工艺文化初级阶段对自然的主客观认知，并形成最为基础的自然审美认知。中国的文字，也是通过对客观自然形态的分解，提炼出自然审美中的元素来促成其自身的发展。（图 2-1）

中国最早的诗歌集《诗经》以《关雎》开篇，“关关雎鸠，在河之洲”描绘出水鸟在河中小洲嬉戏和鸣的景色，其以最质朴的文字唤起人们对自然最原始的记忆。自此以后，自然之意便在中国的文学中蔓延开来。不论是楚辞中的“袅袅兮秋风，洞庭波兮木叶下”，还是乐府诗中的“江南可采莲，莲叶何田田”，皆透露出诗人们对自然生灵的热忱和悲悯。南北朝诗人谢灵运开创了山水诗派，在山水中寻觅到自我，其诗质朴天然，鲜活通透。“池塘生春草，园柳变鸣禽”道出初春的生气，诗人喜；“云日相辉映，空水共澄鲜”道出水天的旷远，诗人思；“野旷沙岸净，天高秋月明”道出秋景的爽朗，诗人忘忧。宗白华道：“晋人向外发现了自然，向内发现了自己的深情。”[1] 北宋苏轼云：“味摩诘之诗，诗中有画；观摩诘之画，画中有诗。”另有唐朝山水诗人王维，其诗云：“行到水穷处，坐看云起时。”水云之间，诗人神与物游，这种情感的渗透，精神的提升，清新淡远，自然脱俗，体现出人类从大自然中得到的审美经验。基于对宇宙生命的探索，古代文人试图从自然中寻找具有纯粹性和超越性的人生理想，这一特征在中国传统诗词中彰显得淋漓尽致。

另外，中国人对自然审美的深度认识还体现在其他艺术创作上。中国山水画就是以自然审美为基础，其创作者从自然中获取描摹的对象和情感的寄托，才达到艺术的至高境界。南朝宋画家宗炳《画山水序》开中国山水画论之先河，他认为：“圣人含道映物，贤者澄怀味象。……夫圣人以神法道而贤者通，山水以形媚道而仁者乐。”讲述了山水画的要义在于捕捉自然山水的“神”而不是单纯描绘事物的形象。东晋画家王微亦云：“且古人之作画也，非以案城域，辨方州，标镇阜，划浸流，本乎形者融灵，而动变者心也。”点出山水画的重点不在于准确概括山川的地理方位和自然环境，而是强调画家对自然的体悟并将情感诉诸画中，进而感染观者。宋代画家郭熙在《林泉高致》中提到：“真山水之烟岚，四时不同，春山淡冶而如笑，夏山苍翠而如滴，秋山明净而如妆，冬山惨淡而如睡。”在

---

1 宗白华 . 美学散步 [M]. 上海：上海人民出版社 ,1981:183.

他的眼中自然山水是可观可赏的。基于对自然山水形态的观察，郭熙总结出“三远”[1]的创作手法，其中对“远”的感知既是自然的客体又是审美的主体，其不同于西方几何透视的数学理性，而是强调对意境的追求。郑板桥也在画竹的文章中写道：“江馆清秋，晨起看竹，烟光、日影、露气，皆浮动于疏枝密叶之间。胸中勃勃，遂有画意。……”画家将秋日于江馆赏竹的景象同心中的万千心绪纳入笔下，将自然之美的特征加以捕捉并进行艺术表达。石涛所言的“搜尽奇峰打草稿”，是从万千自然山水中寻觅艺术的真谛。可以说中国山水画自开始以来便是对自然的艺术写真。

如果说山水诗画代表了中国传统自然审美的内在基本观点，那么中国古典园林是中国自然审美意识外化的典型表现。它的产生丰富于周秦汉唐，成熟巅峰于宋，精致于明清，中国古典园林经历了“形”“情”“理”“神”“意”的五个发展时期（表 2-1），完成了从几何空间、直觉空间感受到意向空间感受，从物境、情境到意境的转变升华。[2]古代造园家以园林为载体，追求自然和人文的绝妙平衡。明代造园家、理论家计成在《园冶》一书中提出了中国造园的核心思想——“虽由人作，宛自天开”，讲究“因地制宜”的同时又追求“多方胜景，咫尺山林”。古典园林“巧于因借，精在体宜”，通过运用地形、山石、水体、花木、建筑等元素，在方寸庭苑中容下四时景色，万千山水，达到“芥子纳须弥”的效果。中国园林的基本特点为再现自然山水，实质就是一种人与自然的互动，巧妙地结合人工美和自然美，从人的复合视角来探索自然之深邃的意境。清朝文

1　北宋郭思纂集的《林泉高致》载其父郭熙之说：“山有三远：自山下而仰山巅，谓之‘高远’；自山前而窥山后，谓之‘深远’；自近山而望远山，谓之‘平远’。”

2　刘滨谊 . 寻找中国的风景园林 [J]. 中国园林 ,2014,30(05):23-27.

学批评家金圣叹提到："人看花，花看人。人看花，人到花中去。花看人，花到人里来。"中国园林的精妙便是在不经意间达成这样的主客体互动，使人与环境产生回响，达成时空和情感上的共鸣。

表 2-1　中国古典园林五个发展时期

1	2	3	4	5
形	情	理	神	意
客体	客体	客体	主客体	主体
春秋—两晋末	两晋初—唐末	唐初—北宋末	北宋中—元末	元明清
再现自然以满足占有欲	顺应自然以寻求寄托和乐趣	师法自然 摹写情景	反映自然 追求真趣	创造自然 以写胸中块垒
铺陈自然如数家珍	以自然为情感载体	以自然为探索对象	入微入神	抒发灵性
象征、模拟、缩景	交融、移情、尊重和发掘自然美	强化自然美 组织序列 行于其间	掇山理水 点缀山河 思于其间	解体重组 安排自然 人工与自然一体化

二、西方文化对自然审美的认识

不同于中国式的自然审美方式，西方传统中对自然美的认知是建立在人与自然二分的基础之上的，人作为主体，自然作为客体，二者之间有着明确的对立界限。虽然在西方古代自然便开始和美学有所交织，其作为审美的认知对象，为人类的艺术和生活提供了源源不断的灵感和素材，但在后续几个世纪的发展过程中，这种连接关系本质上并没有脱离人高于自然的人类中心论调。正如陈望衡所言："在西方美学史中，对自然美的论述和推崇都建立在人与自然的对立基础上，充满了主观与客观、审美与实践的矛盾和冲突，也经常在自然的科学客观化和自然的艺术主观化两个倾向中摇摆不定。”[1]

西方对自然美的探求发迹于古希腊时期。“自然”在希腊文中写作“physis”，其意味“生长”。在罗马文中用 natura（自然）一词来翻译希腊文的 physis，natura 源自 nasci，后者意为“诞生”“源于”，natura 的含义因而就是“让……从自身中起源。”[2] 可见，古希腊罗马的哲学家们开始认识到世界是自根自本的生命体，一切由此生发。基于对自然概念的理解，不同的哲学家们对自然中美的存在有着不同的理解。例如赫拉克利特提出“艺术模仿自然”，他接受的美是一种对立统一的美，其认为自然的美是包含了大量相反的东西，艺术想要获得和谐就需要模仿自然中的对立统一。而毕达格拉斯提出“万物皆数”的概念，其认为自然界的一切现象和规律都是由数决定的，只有达到“数的和谐”才是合理的。斯多葛学派则认为法同于自然，在他们看来，自然和理性是相同的，自然既包含了对物质世界现象的理解，也囊括了对人类世界的理解，因此自然法不仅是人所需要遵循的，还是整个宇宙的运行法则，遵循自然法即为遵循正义。而关于自然美的进一步具体表述则要归结到柏拉图和亚里士多德的美学观点上。柏拉图将世界分成三个类型，依次为理念世界、现实世界、影子世界，其中理念世界具有第一性，它不依托任何外在物质而存在，不生不灭；现实世界具有第二性，是对理念世界的模仿，其不触及存在本质，只涉及部分表象的影射；而影子世界是第三性，是对现实世界的模仿，也就影子的影子。在柏拉图的认知框架中，自然是典型的“理念世界”，而处于“影子世界”的艺术是对自然模

1　陈望衡 . 环境美学的兴起 [J]. 郑州大学学报 (哲学社会科学版),2007(03):80-83.

2　［德］马丁 · 海德格尔 . 路标 [M]. 孙周兴译 , 北京 : 商务印书馆 ,2001:275.

仿的产物，“自然”是指向更高级和更本质的东西，它高于“现实世界”和“影子世界”。亚里士多德在《形而上学》中解释了“自然”的概念和本质，认为“本性就是自然万物的动变渊源”，并提出“由于自然不仅有其规定性、有其形式、有其可变性，而且有目的，因而它是美的”[1]，他认为美要保证“秩序、匀称、确定性”三个标准。亚里士多德将“艺术模仿自然”的观点进一步深化，不同于柏拉图认为自然高于艺术的观点，而是认为自然是有机的，其构成可以作为艺术借鉴的典范，其二者没有高低之分。可见在古希腊时期，人们将自然和理性结合，把数、和谐、比例、理念等概念视为美的本质，从自然中寻找基本秩序，同时艺术和自然的关系也开始被人们所关注。

古罗马时期作为西方早期哲学和艺术思潮的尾声，其关于自然美学的思想大多承袭了古希腊的思想观点，其对美的认知有所深化，但自然美依旧未形成直接的审美对象。中世纪美学受神学影响较大，一方面神学削弱了自然以及自然美的意义，其提出神创造了一切，包括自然和自然美，神性的伟岸远超于自然的原始美；而另一方面宗教又赋予了自然神秘而强大的力量，自然界在神学的影响下甚至带有邪恶的指向，人们会对未知的自然领域和现象感到恐惧。至文艺复兴时期，人虽然开始重新审视自然美的表达形式和意义，但自然依旧只是作为艺术的前提，成为人主观审美的媒介。

17 世纪至 18 世纪，西方自然审美观随着启蒙运动以及工业革命的开展迎来了新的转向。启蒙运动使西方重新认识了人，也更新了人对自然的认识，其所带来的影响是在自然审美中强调人的主体

1 ［古希腊］亚里士多德 . 形而上学 [M]. 吴寿彭译 , 北京 : 商务印书局 ,1959:89.

性，并将自然视为客体审美对象，形成泾渭分明的主客二分关系。同时随着勒内·笛卡尔的“欧陆理性主义”“我思故我在”和弗朗西斯·培根的“归纳法”等理论的提出，科学家们也构建了近代科学体系，形成了机械论自然观，并最终确立了人之于自然的征服和统治地位。科技带来的革命拓展了人的力量，人对自然的征服和利用进一步加剧，自然丧失了主体性和自由度，沦为人的所有物。工业革命以来，随着人对自然干预程度的加剧，人类赖以生存的环境的质量逐步恶化，人们开始意识到追求经济的高速发展会给自然带来巨大的戕害，以卢梭为代表的浪漫主义人士开始反思理性美的优越性，提出了“返回自然”的朴素愿望和人性宣言，他们希望通过自己的作品激发人们倡导自然、融合自然、尊重自然的生态意识。

而自然美真正被引入美学视野则要归功于德国古典美学家伊曼努尔·康德。康德的自然美学观是其先验哲学体系中的重要一环。他提出“自然形式的合目的性”是审美判断力的先验条件，当形式具有合目的性时，人可以获得主观的愉悦。自然美源于自然的合目的性形式所引发的知性和想象力相协调而产生的情感愉悦。[1]同时康德也区分了艺术美和自然美之间的关系。虽然康德美学将自然美推上了美学的金字塔尖，但其审美产生的主体是人。康德所认为的“崇高”是指人主观获取的最高体悟，由此可见其对自然美的认知并没有跳脱出对人主体性的依赖。康德美学更多强调对自然美形式的关注，其内核依旧是建立在人的价值和道德基础之上的，并未涉及相关环境伦理抑或生态关系。而继康德之后，另一位德国古典哲学家格奥尔格·威廉·弗里德里希·黑格尔则将自然美完全排除在美学的研

1　谷鹏飞 . 西方自然美观念的四次转型 [J]. 晋阳学刊 ,2011,187(4):65-68.

究范畴之外。他指出："艺术美是由心灵产生和再生的美，心灵和它的产品比自然和它的现象高多少，艺术美也就比自然美高多少。"[1] 他认为"美是理性的感性体现"，艺术是由心灵产生的，是与理念相符的，所以艺术可以归为美，而自然美是原先既定存在的且不能通过心灵来反映理念的。卡尔·马克思在《1844 年经济学—哲学手稿》中提出"人化自然"这一概念，其代指在人工参与创造的自然环境中，人与自然的关系既体现在人作为生产主体参与物质资料生产，又体现在自然成为人认知和审美的客体对象上。

近代西方对自然的思考除了在美学层面审视人和自然的关系以外，还体现在美学观念对艺术创作的指导和实践上。17 世纪的西方绘画作品中开始涌现与自然相关的风景画，主流的艺术创作主题开始从人转向景。在 18 世纪的英国，出现了"如画性"美学一说，如画美学呼吁人们从风景框内发现更多自然的美，例如荒野、沼泽、湿地等原生态景观。这种审美法则不仅影响了人们欣赏自然的方式，还影响了人们的艺术活动和实践。当时有一种被称为"洛兰玻璃"的黑色凸面玻璃在绘画中被广泛使用，人们用"洛兰玻璃"取景以达到如画的效果。同时以绘画形式语言法则来营造景观的方式也被视为一种良方。"如画性"美学将人从自然中剥离出去，成为一个独立的价值判断者，实际上加剧了人和自然的对立。其将以人所感受到的自然事物作为自然的全部意义，始终强调人的主体地位。此外"如画性"美学将自然和道德完全剥离，在环境伦理上存在认知缺失。

尽管在 18 世纪的欧洲对自然美的认知不再同之前那般空白，但是这股自然美的热潮并没有彻底推翻根植于欧洲的人类中心论。在

1 ［德］黑格尔．美学 [M]. 朱光潜译，北京：商务印书馆，1981:4.

19 世纪的欧洲，自然美再一次遗落在美学的大门之外，对审美的关注再次回归到“人为”的艺术上。如刘成纪所说：“从古希腊的理式本体到中世纪的神本体，再到近代以来的人本体，自然从没有实现真正意义上的自我生成、自我涌现，或者说这种生成和涌现从来都因为一个他者的先在决定而被压制、遮蔽。”[1]

与此同时，北美却出现了和 19 世纪的欧洲截然不同的趋势，自然主义的萌芽率先在美洲大地上扎根发芽。美国的超验哲学认为人和自然在精神上存在超验关系。自然是精神的外衣，自然具有生命，是鲜活的，而不是单纯的客体或者物质的集合。超验主义的发言人拉尔夫·沃尔多·爱默生指出个体的主观感受可以在宏观的自然中消散，其以“透明的眼球”这一比喻点出了人与自然在精神层面相通后可以达到更加宏大的视角，达到物我两忘的畅游境界。而亨利·戴维·梭罗的自然思想和生态理念则是对爱默生思想的进一步继承和超越。梭罗的自然思想立足于对自然的零距离参与，其著作多以自然笔记的形式呈现在大众面前。在《瓦尔登湖》一书中说道：“我在大自然里以奇异的自由姿态来去，成了她自己(指自然)的一部分。”[2]这有别于爱默生的人类中心论，梭罗提出的生态中心论思想强调了自然的审美和精神意义。梭罗提出“世界保全在野性之中”的口号，在文明发展进程中捍卫荒野的价值，文明的可持续要建立在同自然的平衡关系之上。梭罗对荒野与文明的关系论述成了后来美国兴起的荒野保护运动和建立国家公园的重要思想基础。[3]梭罗的自然思想

1　刘成纪. 自然美的哲学基础 [M]. 武汉：武汉大学出版社, 2008:16.
2　[美] 亨利·戴维·梭罗. 瓦尔登湖 [M]. 徐迟译, 长春：吉林人民出版社, 1999:125.
3　苏贤贵. 梭罗的自然思想及其生态伦理意蕴 [J]. 北京大学学报(哲学社会科学版), 2002(2):64.

丰富而复杂，其为19世纪中期兴起的环境美学的发展铺垫了基石，不论是阿诺德·柏林特的“参与美学”，还是霍尔姆斯·罗尔斯顿的“荒野哲学”，皆可以找到梭罗自然思想的影子。此外，19世纪末美国环境保护学者约翰·缪尔创立的荒野自然美学，立足于超验哲学之上，将荒野自然视为一个超验的形态，认为人们唯有通过直觉想象方能体验自然荒野[1]，并在其中找到美和真理。缪尔反对人类文明以及城市建设对自然的破坏和奴役，认为大自然拥有独立的权力并倡导每一种生物皆为自己而活的自然中心主义观念。强调万物平等的美学观念在美国环境保护主义者奥尔多·利奥波德的思想中也有所体现，其提出了“土地伦理学”，利奥波德认为土地不单单指土壤，而是一个包括土壤、动植物以及水的共同体，人也是这个共同体的一员，所有要素之间存在伦理上的联系。他说道：“土地道德就是要把人类在共同体中以征服者的面目出现的角色，变成这个共同体中的平等的一员和公民。它暗含着对每个成员的尊敬，也包括对这个共同体本身的尊敬。”[2] 利奥波德的生态美学是建立在对自然土地的热爱和尊重之上，对美的判断取决于要素本身在伦理关系中的合理性，若其存在正向的土地道德则被承认是美的。

过去传统的主客二分带来了弊端，时代的更迭让西方逐渐意识到其认知的缺陷。从人与自然关系的整体认知上来看，自然是一个整体系统，人类仅仅是隶属于自然的一个部分。进入现代，基于对世界认知的根本性转变，审美也从传统美学逐渐转变为自然美学，重心从艺术转向了自然。

1 夏承伯. 大自然拥有权利：自然保存主义的立论之基——约翰·缪尔生态伦理思想评介 [J]. 南京林业大学学报 (人文社会科学版),2012,12(3):28-33.

2 ［美］利奥波德. 沙乡年鉴 [M]. 侯文蕙译，长春：吉林人民出版社,1997:193.

20世纪60年代后，世界整体思潮开始出现环境转向。1962年蕾切尔·卡逊出版了《寂静的春天》，该书讲述了在工业文明发展下杀虫剂的应用对生态环境的迫害，以及这些危害又是如何通过自然循环反馈到人类自身。《寂静的春天》如同警钟，对当时人们过度依赖科技和沉迷经济发展而忽视自然环境发出了警示。另外在1966年，被称为“环境美学之父”的罗纳德·W.赫伯恩发表了《当代美学与自然美的忽视》，指出在受西方分析哲学和表现主义的影响下，当代美学对艺术审美的过度关注而忽视自然美学。他指出自然审美的特征以及与艺术美的鉴赏差异，强调自然美的鉴赏需要以融合的“无边框”形式去产出审美判断。此后，与环境相关的研究模式覆盖了各种学科，包括环境心理学、环境地理学、环境物理学、环境伦理学等等。在美学领域中，派生出一个发展学科——环境美学，这种美学建立于生态科学、生态伦理学的基础之上。环境美需要伦理关怀，而环境伦理学是由大地伦理学转向深层生态学，并形成其自身的生态观。

西方现代环境美学强调对环境的尊重并且要求重新审视人在自然中的位置，其中以卡尔松的肯定美学和柏林特的参与美学最为典型。加拿大学者艾伦·卡尔松在主客二分的前提下倡导科学认知论。他的环境美学特征在于肯定美学下对“自然全美”论的认同，他主张全部自然世界都是美的，将审美欣赏建立在自然科学之上，强调科学在审美中的重要性。[1]而立足于主客一体观的环境美学家柏林特则否定了将客观认知作为自然美学的全部特质，其提出“参与美学”，

1 彭锋．“自然全美”及其科学证明——评卡尔松的“肯定美学”[J]. 陕西师范大学学报(哲学社会科学版),2001,(4):46-54.

强调用体验美学代替物体美学，并基于现象学、生态学的角度解释人和环境的不可分性。从现象学的角度出发，柏林特认为人类环境是一个感知系统，即由一系列体验构成的体验链，他曾提及“在建筑中没有旁观者，只有参与者”[1]。伯林特认为环境美与艺术美的特质区别在于三个方面：“一是环境美的对象是广大的整体领域，而不是特定的艺术作品；二是对环境的欣赏需要全部的感觉器官，而不像艺术品欣赏主要依赖于某一种或几种感觉器官；三是环境始终是变动不居的，不断受时空变换的影响，而艺术品相对是静止的。”[2]

三、自然审美观及其当代意义

东西方自然审美观在人和自然的主客关系上存有认知差异。有学者指出西方人的心态是向外追求，积极地认识和探索自然的奥秘，以期达到利用自然、改造自然之目的；东方人则是通过描写、表现自然来揭示人的丰富的感情世界，努力将天地宇宙和生命感应完全融合为一。[3]不同区域自然审美的根源性特征始终影响着东西方文化生活，但随着全球化的推进，东西方的审美体系不再是完全独立的个体，其两者之间通过碰撞交融来进行自我的完善和更新。例如，18世纪起，随着工业革命席卷欧洲，全球范围内的生态危机出现，出于对西方文化和工业文明的反思，西方生态文化开始吸收东方传

1 ［美］阿诺德·伯林特．环境美学 [M]. 湖南：湖南科学技术出版社 ,2006:138.
2 ［美］阿诺德·伯林特．环境美学 [M]. 湖南：湖南科学技术出版社 ,2006:5.
3 周建萍．中日美学思想之比较——以“自然观”影响为中心 [J]. 学术月刊 ,2011,43(07):101-106.

统生态哲学中的营养，进而拟合出西方近现代自然审美观的雏形。进入 20 世纪后，无论是阿弗烈・诺夫・怀海德具有东方传统人文和谐观的和谐范畴及宇宙论，还是海德格尔在吸收道家天人合一的思想后建立起来的“天地人神四方关联体”等，也都表明西方现代生态理论中所包含的中国元素。由此可见，在对自然审美的总体特征进行归纳时，东西方自然审美差异的界限已然开始模糊，而真正引起人们关注的是自然审美在整个人类语境和自然大环境下的本质特征。

作为审美对象的自然具有蓬勃的不可抑制的生命张力，它能唤起人们的情感，给人留下很多联想和回味的余地。自然是一种在言说之外又在言说之中的无所不在的客观“存在”。它在深层秩序控制下表现出随机的偶然性，变幻不定。如光影的摇曳、风雨的变幻都让人意识到时间与自然在空间中的表现与变化。自然美的基础是一种原初的创造性的力量。这种力量和人无关，它存在于自然混沌的、神秘的深处，作为自然万物运动、变化的依据。[1]古时候的人们对自然的神奇与奥秘抱有惊叹与敬畏之情，因为自然不存有最终的固定答案，其永远存有神秘感和未知性，而正是基于对自然的空白想象和猜测，人们才从自然中获得诗意和美。自然是整体的、虚无的、模糊的，其本身没有绝对的界线，人们从混沌中获得审美的愉悦。自然并非进行静观的对象，它与人是相连续的，并能起到与人相互交流的作用。人与自然界的动态形式和过程之间的连续性成为对自然进行审美的一个中心因素。人在审美活动中，由于身体的全部参与，场所和感知者消除了边界，人的感官融入自然界之中并获得一

1　丁来先 . 什么是自然美的深层基础 [N]. 中华读书报 ,2004.8.4.

种不平凡的整体体验。这是一种连续性和感知的融合。自然具有终极无限性和秩序性，自然界生物的生命规律和自然生态系统的运行规律是一种复杂而丰富的规律。如气流、水流在不断地运动、循环、更替，物种在无穷无尽地演变、进化。它们所赋予的魅力给人带来愉悦的想象和神奇的创造，具有着极强的渗透力。

20世纪以来，西方近代科学的理性观念预设了人和自然之间存有天然的等级差别，其大肆鼓吹人类中心主义，将人的价值无限放大，而将自然视为人类的剥削对象。人类无穷尽地从自然环境中获取生活生存资源，并以强硬的手段对自然进行不可逆转的破坏。显然，至今这种盲目自大的生态认知观念已然面临崩溃。人类凭借科学技术的手段认识和改造自然，既是自然的人化过程，同时又是自然对人的异化过程。而自然对人的异化，集中表现为全球性的“生态危机”。[1] 当下所面临的环境污染、水土流失、资源短缺、生态伦理崩塌等种种生态问题为人类敲响了生存的警钟，以上位者的姿态随意占有和破坏自然势必会遭到自然的反噬，人与自然和谐相处必然成为当代人类共同的文化主题。当今建筑设计需要走一条绿色、生态、可持续发展的道路，复兴对自然的尊崇和敬畏，继承传统文化中优秀的生态理论。不论是东方古老的生态哲学所提倡的“天人合一”，还是西方现代在时代反思下产生的“环境美学”，对自然的重新定位以及人与自然关系的重建都成为了人类生存的重要命题。中国传统自然审美观是一种独特的审美文化，其蕴含着鸿蒙初始之际东方人对自然的敬畏和共情。薛富兴教授在《中国自然审美传统的当代意义》一文中提出：“它在对自然的反复欣赏与咏唱中不断地

1 陈其荣 . 自然哲学 [M]. 上海 : 复旦大学出版社 ,2004:181.

强化着人与大自然的精神联系，以审美的形式弘扬以自然为崇拜对象的宗教，铸造人对大自然的恋母情结，使大自然成为人类日常精神生活的重要对象。"[1] 而西方的近现代环境美学则对理性和科学背景下自然美学的实践法则做出了进一步衍生和发展。梭罗曾说过："诚然，绘一幅画、塑一座像或者创造几件美的东西，这样的才干实为可贵，但通过我们的眼和手去描绘、塑造周遭的氛围、环境，那要伟大得多。"[2] 作为具有使命感的设计师，我们需要充分发挥自然美学的当代价值，结合时代环境创造新型的人居环境，并重建人与自然之间的精神联系。

随着经济的飞速发展，城市集中的问题已成为事实。现代主义城市滥觞带来的弊病在简·雅各布斯的《美国大城市的死与生》中体现得淋漓尽致，其指出美国现代城市的封闭和僵化，城市中的建筑大同小异，失去了自身的地域特色。关于城市环境问题是东西方需要共同面对的，建筑环境形成了人与自然对峙的局面，如何在城市尺度上完成建筑与自然共生是当代建筑行业中亟须解决的重要命题。现代建筑基于城市化的发展，现代建筑师们在应对城市化问题的方面普遍致力于建立集约化的城市，只有赖特是个例外。他主张创造分散化的城市——广亩城市，可以消除城市与乡村之间的界限，使城市乡村化、乡村城市化。他的这个理论与他对建筑的独特理解（崇尚自然的建筑观）有关，即他从自然与建筑的关系角度为出发点和最终点来思考和设计建筑。随着人类思想观念的转变，逐渐从自我的、雕塑式的建筑——服从功能的建筑——适应自然的建筑——服

1　薛富兴．中国自然审美传统的当代意义 [J]. 云南大学学报（社会科学版）,2003,(4):75-82,96.

2　Henry David Thoreau, Walden[M]. NewYork: Norton, 1966: 61.

从自然的建筑。赖特的建筑是从属于自然的，其观念代表了人类建筑思想观发展的一个方向。但是人们对于赖特在现代主义大师中的特殊性认识并不充分，没有意识到他开创了一种全新的建筑语言体系。处于自然之中的现代建筑艺术往往强调秩序和构思，其审美方式难以体现自然的审美特征，因此其不应是僵硬的雕塑，而应是自然的生长物，应具有深厚底蕴的建筑文化和“天人合一”的自然审美原则。

综上所述，在当代建筑领域中亟须建构新的具有自然审美精神的风景建筑设计语言体系。风景建筑将使建筑空间形式、自然生命语言和社会人文精神三方的沟通成为可能，其独特的艺术内涵使之具有生生不息、源远流长的审美特性。

第三章　风景建筑的构想

一、风景建筑的概述

杜顺宝将风景建筑视为风景的有机组成部分，齐康、李保峰等众多学者默认风景建筑是“风景区的建筑”，或是“风景园林中的建筑”。[1] 风景建筑是由风景环境决定其成为独特的一类建筑。[2] 本书所提及的“风景建筑”是指置于自然风景之中，基于大自然的灵感，将组织结构与地理环境紧密联系并进行互动的建筑作品。这种建筑与它所处的自然环境产生内在和形式上的相互影响、相互作用、相互依存的关系，由此建筑和自然各自迸发出艺术的能量。它与所处的自然具有与生俱来的和谐，仿佛是生长于自然中的生物。其核心理念是建筑与自然相融并顺从于自然。这里的风

1　李保峰 . 风景建筑五说 [J]. 中国园林 ,2019,35(7):11-16.

2　董璁 . 家居必论 , 野筑惟因 : 风景建筑刍议 [J]. 中国园林 ,2019,35(07):40-44.

景建筑并非指风景区的一切建筑，如同现代建筑并非现代建造的任何建筑。

风景建筑让人极度地享受自然，这是人类最早的梦想。陶渊明在《桃花源记》中表达了一种人类向往的理想世界。它是人们精神荒漠里的甘露，给人以心灵的慰藉。《山海经》中也提到了人们向往无比秀丽、清雅脱俗的蓬莱仙境。同样的追求在西方伊甸园的描述中也得到了淋漓尽致的体现。这些都说明优美的自然环境是人类心灵和精神的一种寄托。风景建筑这一命题的核心是如何处理好人工环境与自然环境的关系，自然环境是建设风景建筑最有利的基础。自然环境中的山水常作为构成风景建筑的要素，因势利导，形成富有特色的建筑构图。中国传统建筑通常都是依山傍水或处在林木葱郁之地。在中国古代早期的史诗《诗经》中，就有"秩秩斯干，幽幽南山"的名句，是关于亲近涧水、面对青山的建筑颂诗。这与西方现代主义提出的"住宅是居住的机器"[1]恰恰相反。中国徽派古民居——安徽宏村，就是一个典型。由溪、塘、湖组成的水系是宏村最大的特色之一（图 3-1、图 3-2）。潺潺的小溪流经每家每户，由天然泉水开挖而成的中心月沼使四周的住宅和祠堂的前景通透开阔，风景秀丽的南湖使整个村落显得生动而有灵气。远处青山如屏，近处碧水如镜，粉墙黛瓦的建筑散落在群山与秀水的环抱之中。高低错落的建筑轮廓与远近不一的山丘、忽密忽疏的人群、流转变迁的四时光影，共同描摹出一幅隽永生气的皖南村落图。当自然环境和人工环境的界限变得模糊

1 ［法］勒·柯布西耶.走向新建筑[M].陈志华译，西安：陕西师范大学出版社，2004:91.

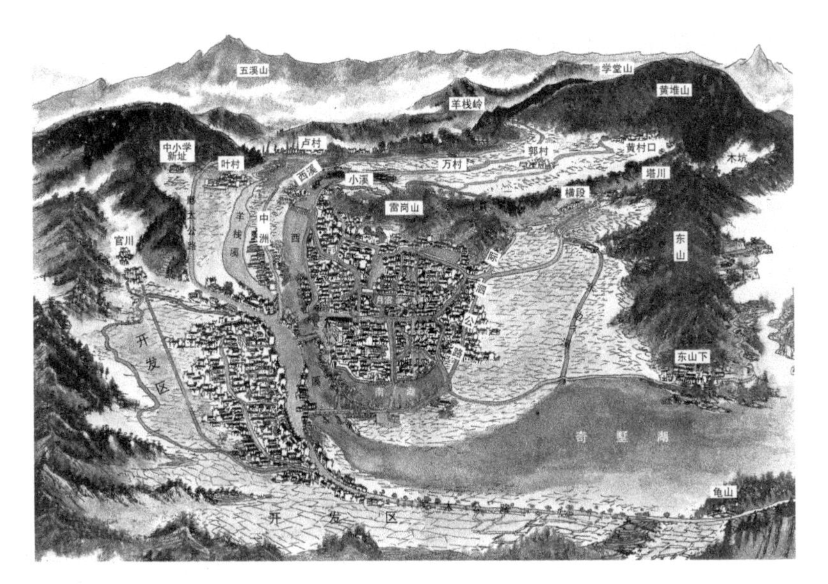

图 3-1　安徽宏村鸟瞰图

图 3-2　安徽宏村水系分析图

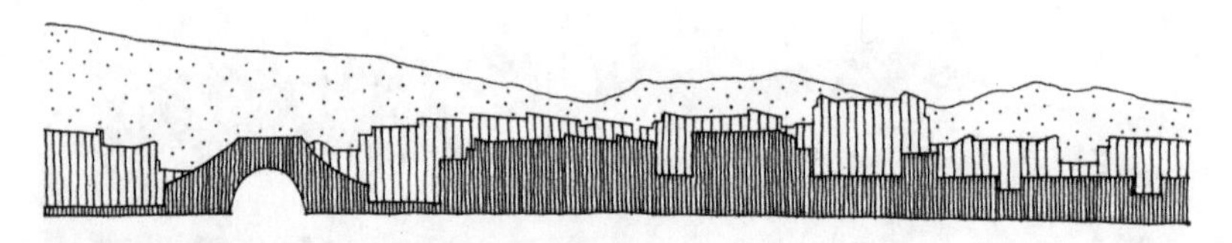

图 3-3　安徽宏村的建筑与群山的层次形式构图

图 3-4　从南湖看宏村美景

时，美就发生了（图 3-3、图 3-4）。在那自由的中国园林布局中，诗情画意的自然山水是整体构图的主角，而形式多样的各类建筑却隐匿于山水之中作为构图的配角。为观赏或点缀风景而设的园林建筑，其体量化大为小、化整为零，布局灵活，空间多变，层次丰富。其柱、梁、檩、椽等构件处处体现了“线型美”，是一种“线”的艺术。中国传统建筑崇尚自然，具有浪漫的意境，其特有的建筑美体现出人与自然山水的和谐（图 3-5）。

风景建筑关注的是建筑与环境的互动，自然风景能唤起人类的情感体验，它无时无刻不在产生新的变化，在混沌和朦胧中衍生出美的要素，激发人的想象和共鸣。人可以感悟到自然中的美并能够加以表达，这是风景建筑与人沟通的根源，其凭借着人与自然之间的通感，尝试以建筑学作为媒介去创造视觉和体感上美的再现。风

图 3-5　苏州拙政园倒影楼东侧的水上曲廊

景建筑的审美准则是“自然而然”，它视大自然为激发创作灵感的源泉，并使用属于自然的建筑语言。瑞士维尔纳·布雷泽认为“自然”建筑的营造方式，“也就是自然决定平面布局的理念，就是不要把房子看作是一个完美的几何体（以帕拉第奥为例），而是把它当作一个配角，或是看作自然环境这个整体的一个组成部分。从数学中得出的比例关系并不能决定建筑的美和丑（维特鲁威）；它的美来自人们通过对自然环境的观察和分析而得到的印象。”[1] 孙力扬等学者在其著作中概括了景观及环境艺术与建筑艺术之间相互渗透、相互影响的关系，明确了它们之间的关联性与特异性。“理想的建筑应该协调于

1　［瑞士］维尔纳·布雷泽编 . 东西方的会合 [M]. 北京：中国建筑工业出版社 ,2006:14.

自然，成为环境中的一个有机组成部分。"[1] 西塔里埃森就是这样一个最直接、最纯粹地表达赖特有机建筑理念的作品。它是集工作、居住、娱乐等功能为一体，沿山形等高线布置，在平面中穿插了 45 度夹角的几何空间。建筑下部是由色彩斑斓的天然火山石与混凝土砌筑而成。其上部是由当地的红杉木搭建的角形结构框架，架于厚重的楔形矮墙之上，其间覆以通风用的帆布。整个形体寓示了周围山体的轮廓，并与之相协调（图 3-6、图 3-7）。在英国斯宾塞尔 · 哈特对西塔里埃森的描述中，可以看见一个由踏步、露台和游廊相连的粗犷豪放的建筑群，从周围的沙漠中自然升起，其建筑表现形式同中国古典园林中"虽由人作，宛自天开"的造园观达成了共鸣。日本女建筑师长谷川逸子提倡第二自然的建筑理论，主张重新觅回被合理主义的现代建筑所遗弃的"情感"。她认为建筑始终应寻求一种基于地域的多样性，应像蘑菇一般适应地域而生长。建筑应与自然交织融合，能够体现人类与自然包容、共生的理念。她所设计的日本山梨县水果博物馆，其壳形表皮被设计成窗户，利用风和光调节着室内的温度，使之适应当地严酷的气候。这一处建筑群被她称为"新时代的充满诗的韵律的村庄"（图 3-8）。

风景建筑传承了人类对建筑与环境关系的诠释。人们从环境中获取灵感，也加深了建筑与环境之间的对话。风景建筑是场地环境中的一个特定要素，通过对特定环境的认知，表达出被环境唤起的情感。它不是过度强调视觉效果的建筑，而是注重形式美和意境美相结合的建筑。它与环境互动，共同绘出一幅诗意的画卷来。伦

---

1 孙力扬，周静敏著 . 景观与建筑——融于风景和水景中的建筑 [M]. 北京：中国建筑工业出版社 ,2004:15.

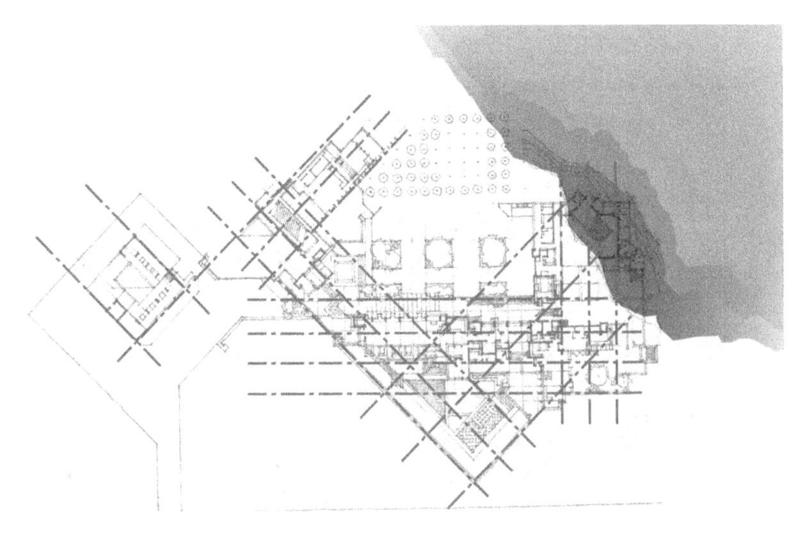

图 3-6　美国亚利桑那州斯科茨代尔的西塔里埃森平面示意图

图 3-7　美国亚利桑那州斯科茨代尔的西塔里埃森

图 3-8　日本山梨县水果博物馆

佐·皮亚诺的努美阿芝贝欧文化中心也是一个非常典型的实例（图 3-9）。它冲破了功能主义原则，其功能和形式之间的关系既非服从也非相互制约和证明。它的外观与周围植被的肌理相似，完美地与当地环境相融合，形式在这里顺从于自然。事实上，在设计初始阶段，建筑师力图以当地民居的形式来证明其合理性和相关性，而恰恰在放弃这种象征之后获得了单纯性，与自然极度地和谐。这种和谐并非像悉尼歌剧院式的以造型语言获得，而是以周边环境激发的灵感和相互作用来达成。不仅不需要以严肃的方式对待当地的历史渊源，而且也不需要寻找形象的象征意义。它完全是自然化的，在

图 3-9　新喀里多尼亚努美阿的芝贝欧文化中心

浪漫的层面上与场地合作，呈现出友好的反应，并不轻易地改变场地的性格。这一点是至关重要的。皮阿诺从梅尼尔收藏艺术馆的建筑设计中，开始探索建筑与自然的关系，到后来他所设计的芝贝欧文化中心已经发展出一种纯粹的自然建筑。他已超越了许多同时代的现代建筑师，其建筑提供了一种与自然亲近的温馨而又充满活力的愉悦感受。

二、风景建筑历史发展及其他流派

现代主义建筑的主角是使用功能，而风景建筑的主角是自然中的要素。风景建筑在美学上是以自然审美观为基础的，对于现代建筑语言它是一条分界线，对于人类生存环境的设计它又是一条道德准则。

现代主义建筑的设计观念是基于实用主义之上的功能原则，是以人和物的运作关系来确定设计方向的，在设计创作中讲究明确的概念性和逻辑性，追求建筑的客观物质功能和最大效益。[1]当今现代建筑虽然已经关注到人与自然和谐的关系，出现了生态功能主义建筑和生态象征主义建筑，但它们还是以科学功能为中心，与自然相融的程度不尽如人意。而对于风景建筑来说已经彻底挣脱了这个枷锁。它不是对某些现代主义建筑和文化的一种审美变异，而是基于自然审美之上的。由于设计观念的起点不同，因此它是将人——建筑——自然联结成一个统一的整体，它不仅符合人们的审美情趣，还受到自然的启发，达到与自然共生、协调的可持续发展。

以墙为例，在现代建筑中墙不再是承重结构而是属于围护结构。它具有私密与开敞，遮挡与取景，通风与采光等功能。其形式由建筑功能来决定。在风景建筑中，墙的形式往往取决于自然需要它呈现出的形式。比如，阳光能否照射出美妙的投影效果？空气能否自由地穿行于建筑？水能否赋予建筑灵性？

功能主义的现代建筑暴露出的问题是对自然的要素缺乏足够的认识和对自然的生动性的审美特征无动于衷。形式主义者认为赖特的流水别墅只是一件构图完美的雕塑，充其量这个雕塑放在了一个合适的地点。他们对于现代性的理解，阻碍了风景建筑的发展。其

1 齐中凯，纪怀禄．以表现主义方式存在——信息时代的新表现主义建筑 [J]. 世界建筑，2005(04):107-109.

实某些现代建筑也并非不关注建筑与环境的关系，有两种情况存在：一是把环境作为陪衬；二是把环境作为组合要素的次要部分。而风景建筑欲使其自身成为自然环境中的一个有机组成部分，它生长于自然，从属于自然。

风景建筑可视为对现代建筑在人和环境关系上的批判和重构，因此在后现代建筑的思潮中不难找到与其相似的建筑理念。后现代建筑语言的开创者詹克斯的建筑观，注重考虑社会意识和集体参与，其社会生态审美强调伦理意识的重要性，尊重生物多样性和生态平衡。[1] 詹克斯在后现代建筑语言中提及的隐喻性、新乡土理念、文脉主义，在风景建筑的形式语言法则中皆可以寻觅到它们的影子。大卫·雷·格里芬将后现代主义分为两种，一种为对现代主义的解构和消解，称之为解构性后现代主义，一种为对现代主义的修正和补充，称之为建设性后现代建筑。建设性后现代精神以内在关系的实在性为特征，在人与人的关系上强调人是立足于家庭、社会、自然等大环境而成立的，即“关系中的自我”，因此其摈弃“个人主义”“人类中心主义”，消除主体间的对立进而实现平等的连接关系；在人与自然的关系上，建设性后现代主义突破主客二元论的界限，其不再是只看到当下的现在，还关注过去和未来，因此后现代思想体现出对生态的特殊关怀。后现代主义在建筑设计上主要体现在建筑的隐喻性、装饰性以及与环境的高度关联，这些特质为风景建筑的建设和实现提供经验指引。风景建筑不作为一个具体的流派或是类型，并不能确切地将其归类至后现代主义建筑中去，但不能忽视的风景建筑是具有“后现代精神”的建筑，其消解了现代建筑中过于死板

1　李玲.詹克斯后现代建筑理论中的生态美学意蕴探微[J].河北学刊,2020,40(5):65-71.

僵化的部分，再次构建了人和自然互动的自由。

风景建筑的基本概念是与自然相融。所谓融，是指建筑的建构对自然不构成威胁，而作为自然系统中的构成要素存在，并与自然建立和谐的关系。这种和谐关系不仅指形态上的，还指生态性上的。那么，它与生态建筑、绿建筑、有机建筑又有何区别呢？

生态建筑是用生态学原理和方法，以人、建筑、自然和社会协调发展为目标，有节制地利用和改造自然，寻求最适合人类生存和发展的生态建筑环境，将建筑环境作为一个有机的，具有结构和功能的整体系统来看待。[1] 而与自然共生的风景建筑，则是将自然要素组合到建筑要素中，是充分反映、衬托和享受自然美的建筑，在伦理上更具生态性。风景建筑是研究建筑与自然的关系，由于它与自然紧密相关的独特性，以致它有其自身的表达方式，在一定程度上它与生态建筑相关，它是结合自然审美的设计，而生态建筑是结合生态科技的设计，生态科技改变了我们的审美伦理和审美价值。

绿建筑的特征重点体现在建筑工程周期中将建筑对环境的负荷降到最小，同时又可以保证居住环境的安全、健康、适宜，进而使建筑与自然达成共生。绿色建筑这一概念多见于建筑环境指标评估，例如中国台湾地区的 EEWH 评估系统，美国的 LEED 系统，英国的 BREEAM 评估系统，日本的 CASBEE 系统等。这些绿建筑评估系统关注工程中建筑和环境（大气、土地、水、风等要素构成）的互动关系，其强调建成环境中可以定量判断的部分，重视人的体感经验，但少有涉及美学理念的评估。而风景建筑除了对人与自然在物质实践方面提出反思和建议，还对建筑形态美和人对自然的理解进

1　马玉红 . 浅议建筑审美中的生态美 [J]. 广西城镇建设 ,2005(02):14-15.

行了二次解读。不同于绿建筑以一系列客观指标去规范建筑在自然中的建设，风景建筑则是立足于万物发生的自然规律，并结合主观的自然审美趣味，进而形成对栖居环境的终极构想。风景建筑在实践过程中是以绿建筑的理念和指标为基础，同时其独特的审美价值和营造法则又是对绿建筑的一种超越。

有机建筑所要表达的正如其“有机”一词的词源意义，其指向一种活的、生长的建筑。有机建筑的代表性人物赖特将建筑看作是有机生命体，其认为建筑应当同植物一般从大地上生长出来，其强调“建筑与自然共生”。有机建筑思想的理论家雨果·哈林也提出有机建筑不只是对自然界中物质的粗糙模仿，而是从中找到新的造型方式，通过观察分析自然事物本身的秩序和结构，从中提炼出可以转译成建筑形态的部分。此外，阿尔瓦·阿尔托的人道主义立场和乡土建筑观也为有机建筑提供了新的发展方向。在现代主义功能至上的大环境中，早期传统有机建筑关注到了生态环境在建筑建设中的缺失，产生了一批试图调解建筑和自然环境关系的现代主义作品，有机建筑理念在当时的历史语境下具有高度前瞻性，但其依旧缺少对人与自然的哲学反思和在实践上的具体方法论。虽然有机建筑师们和理论家们都在努力使用自己的方式去解释清楚有机建筑是什么，但其始终未形成较为清晰的定义和指导实践的法则。随着科学的进步和建筑理论的发展，风景建筑结合新的时代语境对人—建筑—环境三者关系进行再定义。风景建筑是对有机建筑的整合和发展，因此其面对的问题也从“建筑是否要结合自然”转向“建筑如何更好地同自然相结合”。

面对现代城市建筑和景观所处的种种困境，人们开始重新寻找可以解决栖居问题的方案，而对人和自然关系的再审视便成为了新的突破口。风景建筑致力于以建筑作为人和环境的交互方式，在遵循自然规律的前提下创造宜居的建筑空间。因此，风景建筑就是要利用自然要素并使之与建筑取得协调与一致，从而增加建筑的魅力，丰富建筑的内涵。研究风景建筑的必要性在于它是一种独特的类别，就像在文学中有山水诗，在绘画中有山水画，并且由于这种独立的分类，促进了建筑学的发展和繁荣。

第四章　基于自然审美观的风景建筑形式语言

程大锦在其著作中提出建筑是靠形式与空间来表现的，有着基本的和永恒的建筑语言。[1]建筑自身的形态及构成（如基本形式、基本要素、形式结构式样、建筑造型法）直接影响着其周围的环境。当建筑的布局、形体、表皮和环境产生矛盾时，其便难以维系与自然和谐的关系。因此风景建筑形式语言就是属于自然的法则，在这里仅仅分析了8条，这些形式语言只是设计中比较普遍和适用的，并不局限于此，还可以再加上10条、20条……掌握这些设计语言能使设计者更易于建造出优秀的风景建筑。

一、自由与非秩序

风景建筑不受制于工业化大生产，不以标准化、归纳化、类型

1　程大锦．建筑：形式、空间和秩序（第三版）[M]．刘丛红译，天津：天津大学出版社，2008:7.

化、功能化来建造。较之功能主义建筑，风景建筑增加了其复杂性，这就像机器可以被归纳为几种类型或从几种类型中派生出来，而生物特性却是截然不同的。风景建筑需要在完全自由的创作状态下才能生成，事实上其首要遵循的便是自然美的大法则——自由与非秩序。它主要是指建筑整体结构的自由，其内在控制的并非简单、单纯的秩序，而是一种相互关联的深层的秩序。

西方是理性的世界，其强调机器化、可量化、功能化、效率化、可控化。西方世界在理性主义的控制下，是以秩序来理解和把握整个世界的。关于秩序，从古至今它都是一个建筑的神话。鲁道夫·阿恩海姆认为秩序是作品表达的前提条件，失去了秩序便失去了表达的可能。但西方人通常会把秩序的概念严重地狭窄化，使它趋于简单、归纳。古典主义时期，由于柏拉图纯粹的理念思想，导致古典主义建筑用简单明了的数量关系来建立显而易见的秩序。如文艺复兴时期的建筑——丰塔纳设计的罗马拉特拉诺府邸，其入口立面就是以一种相当枯燥的学院式的手法来进行设计的。（图 4-1）其每一层都使用了模件，在水平和垂直方向上按照秩序叠加排列，努力让人察觉它的存在。到了工业化时代，现代建筑是机器化的初级产品，它趋向于结构简单的内在控制，由简形来进行归纳、分类和标准化。现代主义时期的大量作品仍然使用古典的简单秩序和规律。密斯在芝加哥湖滨公寓的设计中，运用了极少的符号达到规整的简单秩序。（图 4-2）西方所谓的秩序只是一种教条，它阻碍了人类对自由的追求及发展。到底它应当趋向简单，还是趋向复杂？

其实介于秩序和混乱之间有一个巨大的审美世界，它们同样是

图 4-1　意大利罗马拉特拉诺府邸立面

图 4-2　美国芝加哥湖滨公寓

世界的规律但并不以便于把握为标准，而是以自由的丰富性作为它们的特质。西方艺术中也有表现出非秩序的自然规律。如杰克逊·波洛克创作的绘画作品——《自由的形式》，其充满激情的符号、纵横交错的纹理、随性而为的线条，都显示出杂乱、混沌的效果，似乎有一丝中国画中所谓“气韵生动”的意味。（图 4-3）在音乐的世界里也可以找到这样的规律。如伯林特所说：“我们可以在巴赫的伟大风琴乐托卡塔的 C 大调和 D 小调发现形式自由的无秩序，在德彪西的音乐中也可以发现，就像不规则的海岸线或者田野里凌乱生长的雏菊花。”[1]

由于西方崇尚超越自然和“纯理”的分析精神，古典建筑立面追求秩序、比例。随着人们思想的转变，开始崇尚自由，在现代建筑中也出现了一些反理性的元素。它不再完全强调对称平衡、黄金分割、轴线控制，而是用格式塔心理学的“完形”来达到秩序。如

1　[美] 阿诺德·伯林特. 环境美学 [M]. 湖南：湖南科学技术出版社 ,2006:155.

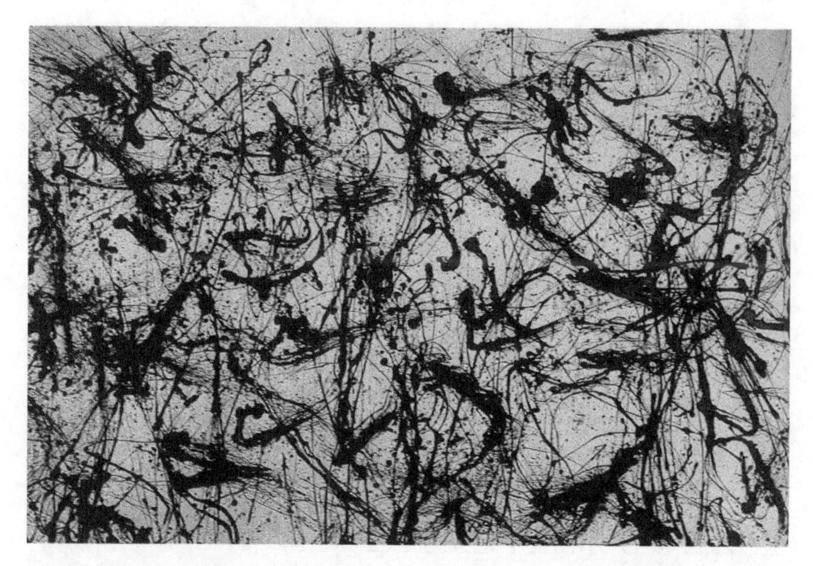

图 4-3　美国杰克逊 · 波洛克《自由的形式》

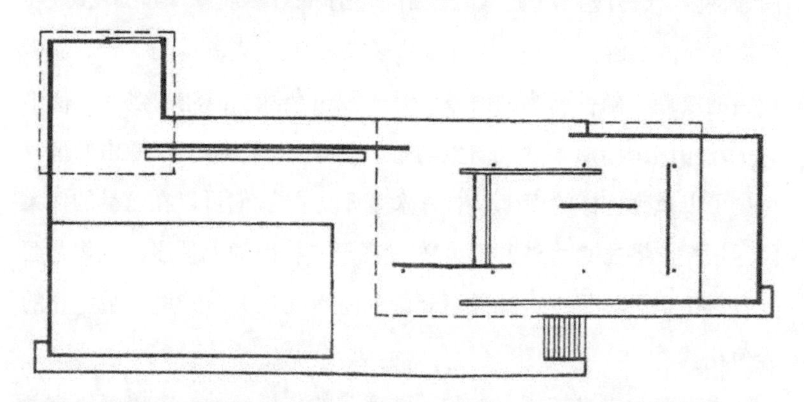

图 4-4　西班牙巴塞罗那德国馆平面图

密斯设计的巴塞罗那德国馆，从其平面图中可以看到不承重的墙体被自由平衡地排布于其中，形成既分隔又相互贯通的空间，以控制室内外流动空间的手段来形成秩序。（图 4-4）柯布西耶认为“建筑

图 4-5　法国索恩地区的朗香教堂

图 4-6　法国索恩地区的朗香教堂室内

师通过使一些形式有序化，实现了一种秩序，这秩序是他的精神的纯创造；他用这些形式强烈地影响我们的意识，诱发造型的激情；他以他创造的协调，在我们心里唤起深刻的共鸣，他给了我们衡量一个被认为跟世界的秩序相一致的秩序的标准，他决定了我们思想和心灵的各种运动；这时我们感觉到了美。”[1] 某些现代建筑在立面上也体现出非秩序的特征。柯布西耶提出的“自由立面”，是以自由构成的表面取代规则的开窗安排。但现代主义对自由的概念还是局限于大生产和理性的范畴之内。朗香教堂——“风景画师的听觉。”[2] 整个建筑在风景中的轮廓呈现出交响乐般的起伏、跳动。墙面上大小不一的窗户，镶嵌着彩色玻璃，光线的射入创造了富于幻想的内部空间并形成了音乐般的律动效果。（图 4-5、图 4-6）柯氏的这个作品已经开始走出理性、秩序的束缚，这也是一种从建筑服从功能走向建筑适应自然的过程。到了多元化的时代，世界变得更加复杂、自由。风景建筑就是一个很好的证明，它没有了独立立面的概念，

1　[法]勒·柯布西耶.走向新建筑 [M]. 陈志华译，西安：陕西师范大学出版社,2004:3.
2　[瑞士] W·博奥席耶编著.柯布西耶全集 [M]. 牛燕芳，程超译，北京：中国建筑工业出版社,2005:76.

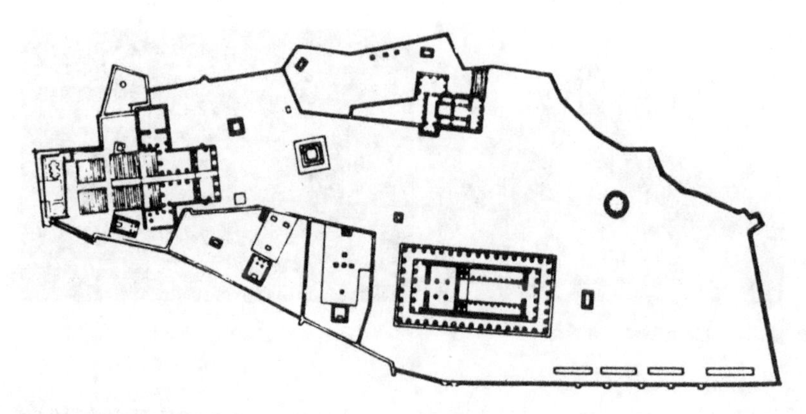

图 4-7　希腊雅典卫城平面图

甚至没有恒久的立面。因为它在不断变化中，它取决于自然中的要素，取决于阳光、空气、水、植物及其自身呈现的形式。

实际上在西方古典主义时期最有价值的文化遗产中并未使用简单的秩序，如古希腊雅典卫城的布局就是一种自由秩序的典范，它是反对称、反简单秩序的。（图 4-7）卫城山门、巴特农神庙和伊瑞克提温神庙，这三个主题是非组合式的，由雅典娜像进行独立式的关联。作为希腊文明的代表，它的遗产没有被真正地认识，人们应该对自由美的建筑形式进行重新认识。

中国是自然的世界，是模糊的、多因素的、全息的、局部可控的、差异的。古人在中华文明的初始阶段就已经关注人与自然的和谐，他们在自然哲学观的指导下崇尚自然的自由。关于自由与非秩序的概念在东方的书画中有较多的表达。如宋代郭熙的《山村图》，全景式构图方式、描写夏日山村情景。画中所描绘的山村民居依山就势，看似非秩序的外在表现，实则有着本质的关联。（图 4-8）中国古代书法大家张旭见公孙大娘舞剑之后，其书法技艺大有长进，

图 4-8　宋代郭熙《山村图》

因为其从中顿悟了极度的自由。这种自由是“狂舞”的节奏，线条一气呵成的整体效果，放弃了平衡、中庸、匀称这些狭义的秩序。相较于柏拉图式理念的圆满性、真实性和有序性，中国古人更倾向于有缺陷的特殊性、偶然性和无序性。在中国建园造景中也存在着自由与非秩序的原则。它强调的是因地制宜，擅于运用各种“理景”手法，将自然山水纳入设计之中。园林建筑已成为园林中不可分割的组成部分，也同山水画中的建筑相似，具有灵动轻巧的气质，简约质朴的风格，巧于因借的布局，尺度适宜的体量，空透开敞的立面，同样保持着中国传统的文化精神和自然审美情调。中国园林中强调的是自然美与建筑美的结合，常利用建筑物的自由组合形成丰富的空间效果。如杭州万松书院、杭州西泠印社，这些城市当中的山地园林，其建筑布局“依山就势”，存在着内在的起承转合和抑扬顿挫，虽然有局部的中轴对称而呈现出相对有序的状态，但总体布局较为自由、开放，是一种自由多轴线的强调建筑之间相互关联的非秩序。（图 4-9、图 4-10、图 4-11）计成在《园冶》里提到，“以散漫理之，可得佳境也”,[1]“最忌居中，更宜散漫”。[2] 可见其用以对抗对称的自由与非秩序。

那么，自由的哲学依据是什么呢？ 20 世纪 20 年代兴起的存在主义哲学奠定了现代反理性的哲学思想，瓦解了文明秩序、严肃的科学体系，它们实际上涉及了人的本质属性——自由。海德格尔曾提出筑造是真正的栖居，这种筑造是对“天、地、神、人”的四重整体的四重保护，在保护的过程中人才能真正意识到栖居的意义，

1 计成著，赵农注释 . 园冶图说 [M]. 山东：山东画报出版社 ,2003:208.
2 计成著，赵农注释 . 园冶图说 [M]. 山东：山东画报出版社 ,2003:75.

图 4-9　杭州万松书院

图 4-10　杭州西泠印社题襟馆

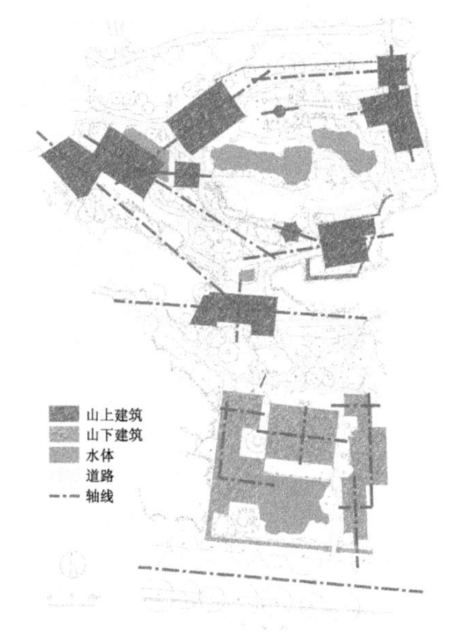

图 4-11　杭州西泠印社总平面分析图

明白筑造的真谛，进而获取自由，正如海德格尔所言："栖居，即被带向和平，意味着：一切处于自由之中，这种自由把一切保护在本质之中。"

一部建筑史可以说是代表秩序的理性和代表自由的非理性的抗争史。格罗皮乌斯的现代主义建筑相对于古典主义建筑是自由的，但实际上它还是充斥着功能主义和大工业化生产背景下的理性主义特征。而赖特的建筑尤其是西塔里埃森，是顺从于自然的自由。因为没有雇主，建筑师的心灵就相对自由，这使得赖特能够超越同时代的大师们。那么某些解构主义建筑的形式同样也存在着自由，它们也属于风景建筑的范畴吗？答案是否定的。当现代主义面临危机，而后现代主义也无法对其取而代之时，解构主义作为一个后现代时期的设计探索形式应运而生。其特征是无绝对权威的、非中心的、破碎的、凌乱的、随意的。解构主义建筑的自由和风景建筑的自由在形式上似乎有共性，但它们在哲学本源上是有差异的。解构主义建筑着重于"反"秩序，强调破坏和否定，而风景建筑在于肯定自由、混沌的价值。

自由是自然的法则，非秩序相对于秩序是更为丰富、多变的，就像自然界一样有生机、多重复合，还有着随机性与偶然性。

二、图底反转

在绘画中，图是指在纸上或其他平面上所表示出来的物体的形状。底是指图的衬托面，也就是给图提供背景的要素。形象本身称

图 4-12　双关图

为图；其周围部分称为底。“图”和“底”的形象就像印章一样，总是相互陪衬着。

根据格式塔完型心理学的原理，图与底的感知是源于人们对其要素的理解。“图底反转”关系的研究中最为著名的要属双关图，它呈现出双重的图形意象。（图 4-12）你所见到的是人之侧脸或是白色杯子？甚至既是人脸又是杯子？可能会不停地显现并转换它们的形象。另外，在中国传统的太极图中也看到类似正负形的情况，两极相生。图与底的关系就是如此密切，二者是共生共存的，不仅是相互对立的个体，又是不可分离的统一体。

同样，在建筑艺术中也有图底关系的体现。以现代主义时期的萨伏伊别墅为例，其雕塑般的白色建筑立于空旷的草坪之上，十分突兀、孤立。（图 4-13、图 4-14）虽然其内部形式与空间组织都打破了古典主义的束缚，但其建筑形体（除了底层架空以外）与周围环境并无关联。白色的建筑是作为构图当中的主体部分，而自然的

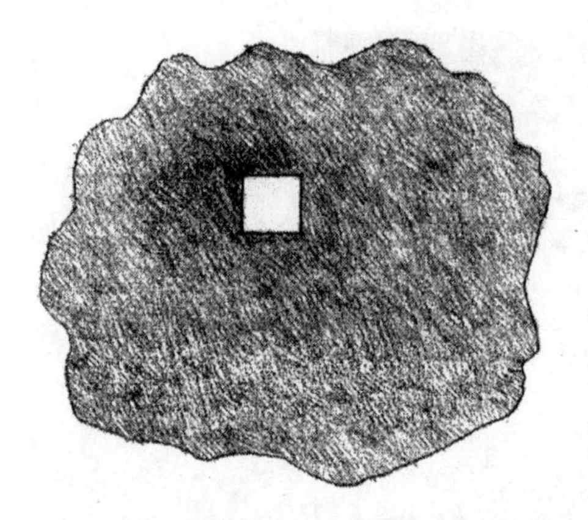

图 4-13 法国普瓦西萨伏伊别墅平面示意图

图 4-14 法国普瓦西萨伏伊别墅立面示意图

草坪只是作为建筑的陪衬。建筑是图，自然是底，这是通常意义上所知的图底关系。而中国北京的四合院，将其院落作为组成要素，沿中轴线进行串联，形成群落。它通过庭院把自然要素纳入其中，这时庭院空间就作为正形，而围合它的建筑实体则作为负形与之形成对比。（图 4-15）

凡是以自然为主角（自然为图），以建筑为配角（建筑为底），不同于以往纯粹以建筑为主体的做法，都可以算作图底反转的范畴。这里可以从两个方面来形成转换：一方面是对建筑单体进行减法处理令其变为“底”；另一方面是建筑单体的散置布局令自然变

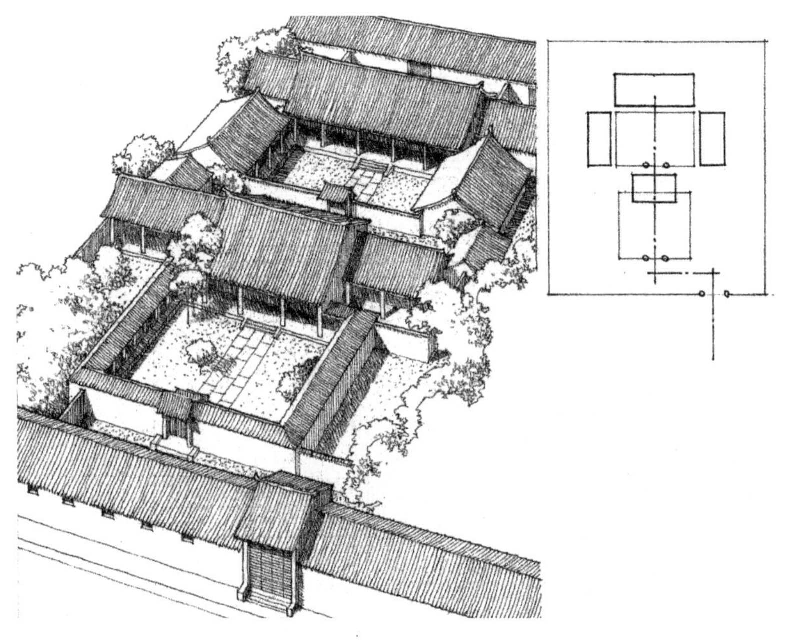

图 4-15　北京四合院

为“图”。

日本世田谷区羽根木森林住宅，其建筑体块中被掏出几个椭圆形体的庭园，枝繁叶茂的乔木不断向庭园上空伸展。远观时，难以分清是树从住宅中长出来，还是住宅生于树林之中。其建筑与自然密不可分，甚至建筑被自然所占有。（图 4-16、图 4-17）日本当代艺术博物馆扩建的小旅馆[1]，一个在海岬上的半地下建筑。为了防海风其建筑平面呈内向的椭圆形布置，中心是被掏空的水院空间，承

1　小旅馆扩建部分位于日本直岛当代艺术博物馆后方的高处，周围是丰富的自然环境．其建筑屋顶覆以植物，建筑像是自然环境的延伸。（参见刘小波．直岛当代艺术博物馆加建，香川县，日本 [J]. 世界建筑 ,2001(02):39-41）.

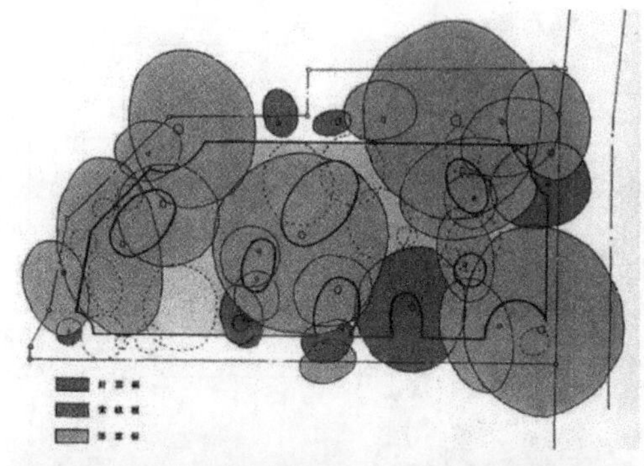

图 4-16　日本东京世田谷区羽根木森林住宅总图

图 4-17　日本东京世田谷区羽根木森林住宅鸟瞰图

接天与地，蕴含着一种伟大的力量。（图 4-18）这是日本建筑师安藤忠雄的作品，他表达了对自然环境的尊重和对自然元素的追求。安藤忠雄曾说："这是我进行建筑设计时的基本信条之一，我致力于感受和尊重自然，并致力于寻求与自然的共存性。因此，在我的作品中，非常注重自然界的光、风、水的运用。""建筑的目的不只是与自然交谈，而是试图改造经由建筑表达出来的自然的意义。"[1] 在这

1　鲍玮 . 创造梦想——安藤忠雄长沙岳麓书院登坛"布道"[J]. 室内设计与装修 ,2004(8):12-13.

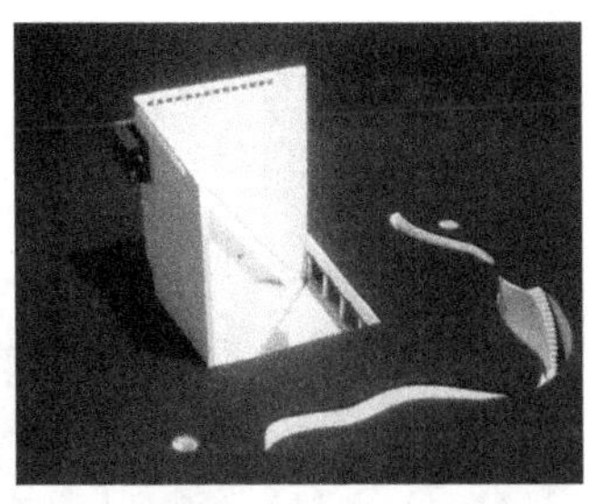

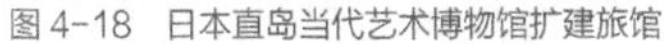

图 4-18　日本直岛当代艺术博物馆扩建旅馆

图 4-19　西班牙科尔多瓦住宅模型

图 4-20　西班牙科尔多瓦住宅院落

里，水成为了正形，而被掏空的建筑成为了负形。西班牙的科尔多瓦住宅亦是如此，其建筑坐落于山岬之上，顶部覆以草皮，既能令室内保持凉爽，又消解了建筑体量，与周围环境融为一体。其下沉庭院中设有水池，使得建筑室内的视线向室外延伸，并聚焦于庭院之中，从而令其成为了主角。（图 4-19、图 4-20）这些作品都对建筑形体进行切削、掏空，并纳入自然的要素，自然便成为了建筑场域中的图，而建筑却成了自然环境中作为陪衬的底，达成图底反转的效果。

图 4-21　波斯特农庄酒店餐厅建筑

图 4-22　波斯特农庄酒店地图

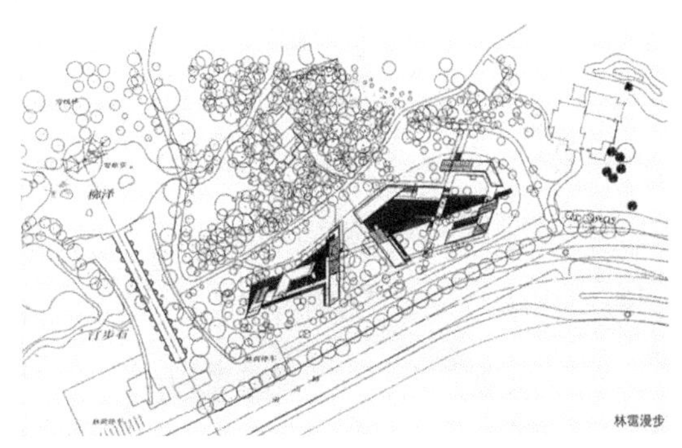

图 4-23　杭州林霭漫步茶室总图

图 4-24　杭州林霭漫步茶室

波斯特农庄酒店 (Post Ranch Inn)，位于美国加州大苏尔地区。其中，有建于悬崖之上的退阶式餐厅建筑，有架空于森林之中的客房树屋，还有面向太平洋的草坡屋顶别墅等。每栋建筑单体都被散置并隐匿于自然山林之中，是一处真正的世外桃源。（图 4-21、图 4-22）在整体相互和谐的构图中风景建筑往往成为自然的配角。林霭漫步茶室，位于杭州西湖南线柳浪闻莺的水杉林地中。一束束光线，透过层层叠叠的细枝，洒落在建筑上形成斑驳的光影，让人在静谧之处感受生命的律动。架空的游廊，透空的屋顶木格栅，质朴的石景墙，亲人的木地板，透明的钢化玻璃，都与自然环境相互渗透，形成以虚涵实的效果。（图 4-23、图 4-24）对建筑单体进行组合，形成自然包围建筑、建筑包围自然的图底反转。

建筑学中，图底反转的目的就是为了促使建筑被自然更多地隐藏或是生成更多的面与自然接触、交融。

三、多维透视

自然美是一种对自然源源不断的感受之和，人无法用定格相片的方式去完整地欣赏它的美。基于这种自然审美的特性，人与建筑也处于一种不断变化又相互影响的交感式的关系之中，形成一个连续的、动态的整体空间。虽然建筑本身是固定的，但当人、建筑、环境相互不可分离地发生作用的时候，人就需要不停地围绕建筑，阅读它的形体，聆听它的心声，感受它的情感。

人们发明了透视来表现空间，“从拉斐尔和丢勒时起，便是以中心一点的中央透视法去描绘空间。中央透视法是以一个固定的视点作为依据，被描绘的空间也只能从这一点之外被观察。”[1] 事实上这种透视只是二维空间的透视法。16 世纪的法尔尼斯府邸就是一个被这种古典透视彻底抹杀了三维空间的例证。古典透视的弊病在于把建筑学的工作变得简单化和表面化，透视学将建筑形体向几何化简化。建筑师们一拿着丁字尺、三角板，就无法思考，不得不将建筑设计成盒子等几何形体。“语言学家们常说：‘不是我们在使用语言，而是语言控制了我们。’”[2]

如果三维透视能使建筑语言敢于打破对称的、以二维立面为审美对象的禁锢，那么它也能使建筑的立体语言得到极大的发展，尤其能较好地表达像包豪斯校舍那样的建筑，具有非常重要的意义，并且能够得心应手。双向的网格系统是一种便于整体控制设计的系

1 ［德］托马斯·史密特．建筑形式的逻辑概念 [M]. 肖毅强译，北京：中国建筑工业出版社 ,2003:19.

2 ［意］布鲁诺·赛维．现代建筑语言 [M]. 王虹，席云平译．北京：中国建筑工业出版社 ,2005:23.

图 4-25　德国门兴格拉德巴赫博物馆

统。当需要整体控制的时候，我们需要抓住几个界面节点。用三维的办法（尤其是电脑建模软件最擅长的鸟瞰的视角）来体现三维空间，它是将完全不相干的画面完整地融合到一起，而不需要考虑时空的联结方式。

三维空间是关乎于事物的位置，三维透视法是通过假设几个最佳视觉角度来进行设计的；而多维空间加入了时间的元素，其表现难度就像是电影镜头的拍摄法与三维透视法之间的差异，其视点是不会停顿的。早期现代建筑大师已经关注到四维方式的设计方法。汉斯·霍莱因设计的德国门兴格拉德巴赫博物馆就已初露端倪。（图 4-25）其建于一斜坡上，由三条迂回曲折的路径通向建筑入口。其建筑形态丰富，空间变幻莫测，不可预知，于此四维设计开始崭露

图 4-26　美国麻省理工学院学生宿舍

头角。阿尔托崇尚生长的建筑观，他所设计的麻省理工学院学生宿舍贝克大楼，模拟芬兰优美的海岸线，将其建筑东面设计成蜿蜒曲折的形式，西面则以扇形的方式来组织空间。（图 4-26）当你静观斯图加特国家美术馆新馆时，会发现其建筑形象变得模糊不清，而当你在进出、穿越这座建筑时便可以察觉到一系列的"事件"。这些四维的"事件"是由一连串不断展开的片段所构成。（图 4-27）美国纽约古根海姆博物馆亦是如此，其主体建筑的内部空间是由螺旋形坡道盘旋而上，人在参观时能真正体会到它是连续的、渐变的四维空间。（图 4-28）

虽然某些现代建筑已经考虑了四维空间的效果，但和风景建筑的四维效果还是有一定的差别。那些现代主义建筑是要求人在三维

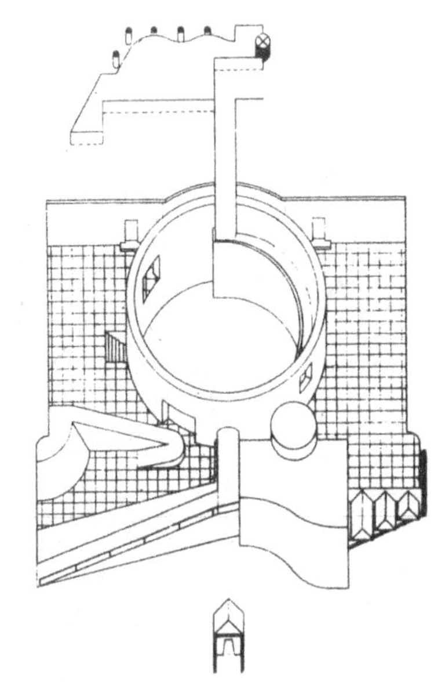

图 4-27　德国斯图加特国家美术馆新馆轴测图

图 4-28　美国纽约古根海姆博物馆室内

空间中运动，最多只是考虑了序列问题，而风景建筑本身是多维的，人必须在全方位的运动中才能认识并了解建筑本身，在一个三维空间中它是不完整的。

中国园林几乎都是三维透视法的反例。用“散点”透视来形容这种视觉方法也并不完全正确，在建筑学中视觉的最高境界应该是四维的“移步换形”。“可游”的园林建筑并不关注标新立异的视觉形式，而是为人们提供游赏的场景。其横向延展的建筑形体，事实上是将空间意识转换为时间。人在其中能感受到其与环境的协调。它不像西方大教堂那样让人感到渺小而寄希望于上帝。对西方巨型空间尺度的感受，在这里变成了时间绵延流动的美。中国园林就像一幅立体的山水画，把不同时空中的多元景物集中于此，人可以按

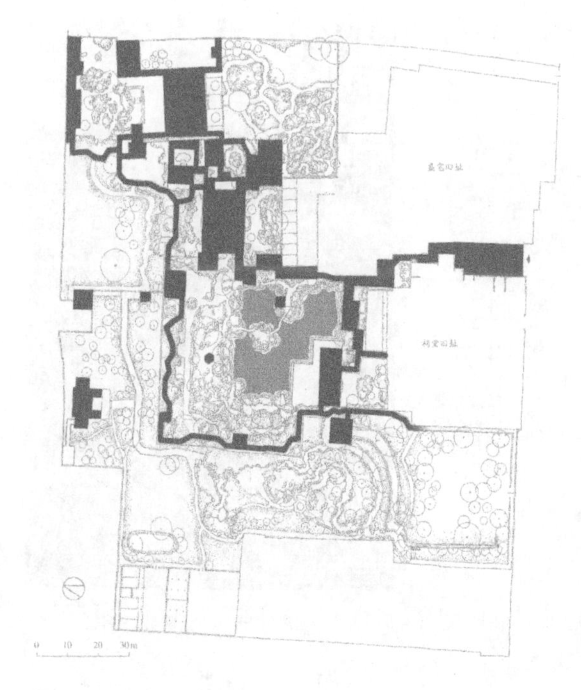

图 4-29 苏州留园平面分析图

一定的观赏路线前行，在动态中获得连绵不绝的印象。(图 4-29) 中国园林建筑虽然在布局上很少受三维概念的影响，同时在顺应自然、依山就势等审美原则的指导下，也有涉及四维方式的设计，但是在单体设计中还是局限于对称的布局方式，而非真正的四维方式。

赖特的流水别墅位于一高耸山岩之上，倾泻而下的瀑布为建筑注入了时间的因素。与之相比，西塔里埃森有着更多的四维因素。尼尔·莱文写道 :“令埃兹拉·斯托勒 (此书的编者及摄影师) 顾虑的是 : 他似乎不能从任何单一的摄影角度把握建筑的个性特征，不管是‘西塔里埃森序列空间’的展示，或者建筑与场地复杂的整体关系。‘我试图通过移动的、不断拉伸的镜头来进行更充分的展现’，他说，‘但往往是徒劳无效。最好的方式是通过细部来阐释整体。’”[1] 三维空间的设计所追求的是某些单一的摄影角度，而多维空间的设计需要在运动中获得，就像郭熙通过人物的运动所获得的“移步换形”。他通过移动自己的身体使得自然万象变得连续不断、模糊不清，然后运用模糊的笔墨制造一幕仿佛自然本身所具有的运动效果。运动才是这个世界的真相，为了获得这个世界真实的运动状态的写真，他选择了“传神”来表达自然山水生动的千姿百态。因此，多维透视是动态的。柯布西耶设计的萨伏伊别墅是静态的吗？也许观其外形是静态的，但其内部却是复杂多变的“散步建筑”。

四、非线性、反三维图视法

自然界中存在最基本的几何形体吗？某些自然的元素会是球形或是六边形等，但绝大部分情况下自然界的相关法则都是非线性的，如适应自然环境的生物的进化过程。而在建筑学中，传统建筑却是线性的，是由基本的几何图形所构成。很多现代建筑会用一些模数化的几何形体作为一种建筑设计的模型或句法，因为人类在计算机普及并具备强大的运算能力之前，线性的形式是唯一可以诠释想法并能大规模合理制造的手段。线性是理念和人工的产物，自然界中并没有绝对的平面。基于这样的特性以及人类技术（数字技术、材料技术等）水平的提升，设计师逐渐向人们展示非笛卡尔坐标正交

1　张燕来．观念与影像——埃兹拉·斯托勒与20世纪美国现代建筑摄影[J]. 城市建筑,2017(22):117-120.

图 4-30　西班牙巴塞罗那米拉之家

体系下的动态的空间和形式。在属于自然的风景建筑设计中，其空间上应摆脱传统方盒子等线性形式的束缚，以丰富的曲面展示其自由性，同时展示自然世界复杂奇妙的现象。其空间的衔接与过渡应利用流线曲面、折叠融合、倾斜叠加等方式来打破生硬的棱角与正交的形体相交，边界与立面的概念逐渐弱化。

“非线性”源自科学中的非线性概念，其囊括线性现象不能解释的部分，而后引申至其他各个领域，其中包括建筑学。建筑语言中的非线性特征涉及建筑的结构、形体以及材料等方面。某些建筑在其整体造型中融入了曲面的元素，包括屋顶和墙面的形式。如位于巴塞罗那的米拉之家，其运用了自然主义手法，这是由于建筑师安东尼·高迪对大自然充满了爱，他只想仿效大自然。其屋顶高低起伏，墙面蜿蜒曲折，好似层层叠叠的波浪。整栋公寓从里到外没有棱角，营造出无尽的空间流动感。（图 4-30）波茨坦爱因斯坦天文台，其弯曲的墙面、浑圆的线条、深邃的不规则窗洞，都令人捉摸

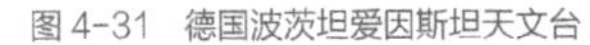
图 4-31　德国波茨坦爱因斯坦天文台

图 4-32　日本播磨科学公园公共及管理设施

不定。那充满动态的体量拔地而起，这是设计师艾利克·门德尔松受爱因斯坦相对论的影响下设计的空间造型，其呈现出流动性与延续性的统一，充满了生命力，处处散发着神秘莫测的气氛，似乎代表着宇宙中的神秘事物。（图 4-31）日本播磨科学公园公共及管理设施，其外表覆以波型金属板，随意地起伏、弯曲、扭转。建筑师最大限度地发挥出其建筑材料的可塑性，时而为屋顶，时而为墙体。传统建筑中正交垂直的平面与立面将不再呈现，墙、顶、地的概念被连续的曲面融合。（图 4-32）英国女建筑师扎哈 · 哈迪德所设计的北京望京 SOHO，以简洁的要素形成非线性组合，创建了类似群山的概念。她利用群山的构成逻辑，营造了超乎想象的建筑形式。这是试图颠覆传统线性设计的思维，并表达一种反映客观世界的自然意象。（图 4-33）这些建筑手法都创造了一个个富有韵律和动感的自由形式。

建筑美并不仅仅是外表的形式美，透露着结构美的形态才是更深一层的美。耶鲁大学冰球馆，其屋顶结构是由置于屋脊和圈梁之上的悬索构成，其屋顶形式与悬索结构完美地结合。它是由美籍芬兰裔建筑师设计的一种具有自然律动的屋顶形态。（图 4-34）法国里

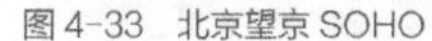

图 4-33　北京望京 SOHO

图 4-34　美国耶鲁大学冰球馆

昂机场铁路客运站，其建筑造型也一样奔放舒展，其屋顶让人联想到一只张开翅膀的巨鸟冲向天空时的瞬间。其设计师圣地亚哥·卡拉特拉瓦在设计中通常运用曲线的元素，包括钢构件。他所设计的作品往往呈现出其崇尚自然界动物的力学美。（图 4-35）在对西班牙巴塞罗那圣卡特琳娜市场的改造设计中，建筑师为了保护 19 世纪老市场地下的 4 世纪墓地以及 12 世纪的修道院遗址，而保留了老市场三个方向上的帕拉迪奥式的旧建筑立面，并在其上方利用新式的弓形悬挂结构，设置了起伏的波形屋顶。改造后的褶皱屋顶由色彩斑斓的蜂窝形瓷砖所构成，像是一幅在织布上摆放了水果和蔬菜的抽象静物画。这个 21 世纪的屋顶形式，代表着这个时代的印记，与三个历史时期的遗迹进行叠加，其不仅是一种物质空间的层叠，还是一种与场地历史的对话。（图 4-36、图 4-37）另一个具有结构之美的设计——日本横滨港口的国际客船中心，从地形学出发，将其屋顶设计成折叠起伏的瞭望甲板，对地面进行重构，随着“地形”标高的变化，紧密地连接了城市与码头的空间。建筑屋顶之下是厚纸板一样的结构，其可以通过连续的自身结构来传递荷载，这使建筑形体不仅仅是一种造型或风格，而是一种符合结构逻辑的系统。其非

图 4-35　法国里昂机场铁路客运站

图 4-36　西班牙巴塞罗那市场

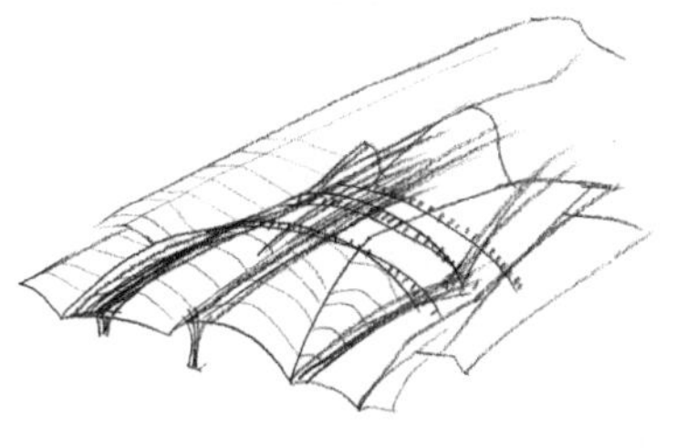

图 4-37　西班牙巴塞罗那市场屋顶结构示意图

正交的墙壁、地板和天花板以连续不断的方式进行组合，使建筑流露出随机的元素，并显示出极强的张力。（图 4-38）

建筑屋顶的倾斜曲折，使其形体与周围环境一体化。如蜿蜒于阿亚斯山山脚的卡塔·丘塔国家公园文化中心，其建筑盘旋匍匐于沙丘、灌木林、血树和须草所构成的环境中，其形体、质感与周围环

图 4-38　日本横滨国际客船中心

境完全融合。（图 4-39）建筑不只是抒情般的艺术形象，还可以具有生态性的功能。如瑞士阿罗萨的卡门纳缆车站，其建筑主体以钢结构为承重构件，异型金属板为围护构件，屋面覆以草皮。四季轮转，起伏的屋面既能使其融入周围的地形之中，又能让室内保持恒温。（图 4-40）

三维图视法是指用俯视图、仰视图、左视图、右视图、主视图、后视图，将观者视觉高度与建筑物之间的关系以等比例单位尺寸表现在二度空间图面上的方法。它首先已经假定建筑是一个六面体。那么用三维图视法来表现被控制了几十年的盒子式的钢筋混凝土建筑是轻而易举的。它们的几何形体单调乏味，禁锢了人们思想、行

图 4-39　澳大利亚卡塔·丘塔国家公园文化中心

图 4-40　瑞士阿罗萨卡门纳缆车站

为的自由。三维图视法是一种快速表达的制图方法，它所表达的效果和建筑实际的形体是有一定误差的。用计算机表现手工时代的建筑物甚至比制造一个同样的东西还要别扭。中国传统建筑的曲面屋顶是复杂的，其形式是服从于结构与排水的因素。还有很多建筑的非线性屋顶更是不可捉摸的，其形式并不是服从于快速的制图方法。因此，造型丰富多变的风景建筑难以只用六个面来准确地表现其整体形象。要是仅仅用三维图视法来表现，建筑不得不把具体问题抽象简化成线性的几何图形，那么建筑的设计形式将会被极大地局限，一切任意切削的面、曲折的表面以及思维不容易把握的多面体和自由体都会被排除在设计语言之外。

在自由创作的状态下，手工绘图设计用到的丁字尺、三角板和计算机辅助设计用到的 CAD 制图软件等设计模式中的工具制约了人们的创作，其智能只能处理少数的变量，它们已不能满足人们自由设计的需求。人们应抛弃批量化生产，抛弃僵硬的三维图视法，才能获得建筑与自然的协调。模型工作法是一种富有激情的、便于整体把握的工作方式，使人们能够发挥更大的主观能动性并激发更多的创造力。非线性设计工具的应用是目前较为新式的模型工作法。传统的线性设计形式是基于欧几里得几何的，如矩阵等组合，而非一种连续流动状的，可以利用参数化设计软件和非线性建模软件相结合的方式进行操作。其使用的设计工具通过控制参数的自变量来生成形式的变化，对于处理非线性的形式是毫无难度的，和用传统设计工具处理线性问题一样方便快捷，并可以提供更自由、更丰富、更完善、更合理的设计生成。工具的改变导致设计方法和思维模式的改变，让建筑师们可以设计出更为释放天性的作品。

自然审美观指导下的风景建筑，是流动的而非凝固的，通过多维的曲面来展现形体的动势，但并非像解构主义那般破碎、否定。我们应该拥抱自然、拥抱未来、拥抱非线性，不应被三维图视法等传统的技术所限制，新技术的普及将为自然审美在建筑中的诠释提供更多的支持。

五、反雕塑的弱原则

自然的审美特征包含整体性、模糊性和虚无。雕塑的语言是体量。风景建筑在自然审美观的指导下不应似雕塑般存在，不应凸显过于强势的体量感，而应遵循弱原则与自然和谐共生。

西方文化的哲学起点是以柏拉图为代表的强调“高于自然”的理念，是具有“征服自然”的审美表现。在柏拉图美学体系内，自然审美观是被否定的。因此西方早期的建筑像雕塑般并与雕塑家的关系纠缠不清。从古希腊的帕提农神庙开始，西方古典建筑就一直沿用着雄伟厚实的墙壁来围合空间。它们是一个个与世隔绝的、封闭的独立个体，如文艺复兴时期的中心式建筑——圆厅别墅。[1]（图4-41）在这方面，我们可以从中国的传统文化中获取养分，因为早在几千年前中国古人就已经意识到弱的原则。《道德经》第十二章中写道：“五色令人目盲，五音令人耳聋，五味令人口爽，……”说明道家思想反对强烈的、娱乐式的艺术形式。这也许是中国传统艺术

1　由17世纪古典主义建筑原则的奠基者之一——安德烈·帕拉迪奥设计。它是一栋完全对称的别墅，由中心圆厅向四周展开十字型空间。建筑师认为其具有优美的形状和完美的比例，富有端庄、高贵的气质。

图 4-41 意大利维琴察圆厅别墅

图 4-42 扬州瘦西湖五亭桥

含蓄、隐幽不显的缘由。中国传统建筑与西方建筑不同，它与墙、亭、廊结合来组织空间，利用阴阳、虚实、聚散、疏密等设计手法使建筑与自然呈现出“你中有我，我中有你”的关系，达成建筑体量的虚无。（图 4-42）自然的弱原则是它们的组成部分，它们彼此相互流动、透叠。

图 4-43　上海青浦私营企业协会办公楼

反雕塑的弱原则可以体现在建筑形体的透叠关系与轻盈无重量感之上。建筑上的透叠关系是指不同材料的物体元素之间形成叠加、遮掩等空间界面的关系。上海青浦私营企业协会办公楼通过设置两层结构体系（一是位于内部的三层办公楼实体，二是位于外部的玻璃幕墙），并在 4.5 米的结构间距中种植竹子，使其幕墙内外的竹丛和树丛两相呼应。这种做法不仅加强了建筑内外的联系，还弱化了建筑与环境之间生硬的界面感。（图 4-43）北上运河博物馆也是一座消隐的建筑。它除了博物馆入口外，其他大部分建筑都被置于隆起的草坡之下。它由几条延伸至地下空间的通道链接，观者在不知不觉中被带入其中。建筑与景观之间的物理界限变得模糊，建筑成为了连接自然与人工的纽带。它是建筑服从自然环境要求的结果，意

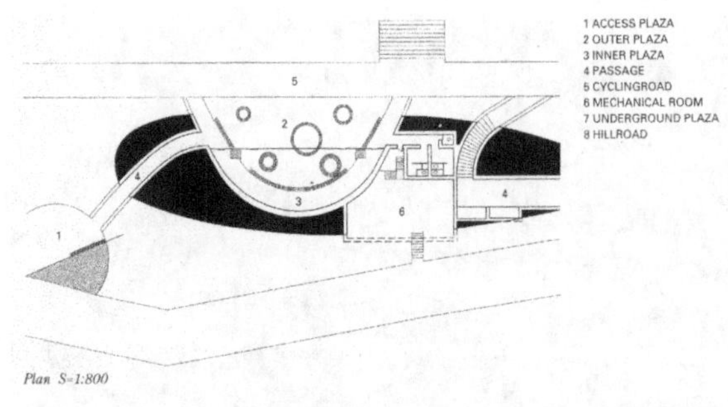

图 4-44　日本宫城北上运河博物馆平面图

图 4-45　日本宫城北上运河博物馆

味着建筑在更高层次上的自我实现。（图 4-44、图 4-45）另一座隈研吾设计的上海办公楼及陈列室（Z58），从街道望去也像消失了一样。因为由百叶状的镜面不锈钢种植槽所构成的沿街立面，不仅映射了天空、行道树等周围的景物，还随着垂直绿化的生长而与种植槽形成掩映的关系。这般具有生命力的沿街立面，极大地削弱了建筑突兀的形体感，使其融入了上海的城市环境中。（图 4-46）建筑师雅克·赫尔佐格认为他的建筑是自然的，因为其中运用了大量反雕塑的自然元素，其以树为例，描述了树在四季中呈现出不同的形态，指出在自然中时空会赋予物质天然的流动性。这与法国巴黎凯布朗利博物馆[1]沿街立面的设计有着异曲同工之妙，在其玻璃幕墙上覆盖

1　法国巴黎最大的全球性艺术博物馆，由法国当代建筑大师让·努维尔设计。

图 4-46　上海办公楼及陈列室（Z58）　图 4-47　法国巴黎凯布朗利博物馆

了 150 种植物，以地毯状的方式铺成。这些玻璃、金属、植物与建筑实墙的透叠方式使得建筑形体无影无形地隐匿于环境之中。（图 4-47）

日本当代著名建筑师隈研吾曾说："材料让建筑消隐。"这表明建筑体量的弱化与材料的运用有关。从材料的属性上看，石材、金属材料都会让人感觉更加厚重，而木材、玻璃会显得更为轻巧。但事实并非如此，能否削弱建筑的实体感关键取决于材料的构筑方式。他所设计的日本莲屋，是将坚硬且沉重的石头素材进行分解，在建筑立面上运用棋盘状排列的石灰华薄片，被扁平的不锈钢条固定并悬挂于空中，创造了一面灵动的墙，给人以轻盈和漂浮之感，提供了一种如诗如画般的景象。（图 4-48、图 4-49）这与西方古典的大理石建筑不同，并没有因为运用了石材而使建筑呈现厚重的实体感。钢材的运用亦是如此。如北京国家体育场——"鸟巢"，其建筑是由一系列辐射式钢桁架构建而成，如同中国传统建筑中的窗棂。整个

图 4-48 日本莲屋

图 4-49 网格示意图

图 4-50 北京国家体育场

结构蕴涵着虚无、模糊的特性，让人们产生丰富的联想。（图 4-50）那么，运用自然亲切的木材就会使建筑融于自然吗？能达到削弱体量感的目的吗？东方木建筑由于工匠并不关注造型法则，而是注重可调节室内空气和光线的虚体部分。如中国传统建筑的立面上往往由立柱支撑，薄如屏风的门扇窗扇作为隔断，既空透又含蓄，不但丰富了空间层次，也具有一种模糊的弱原则。（图 4-51）不能以雕塑

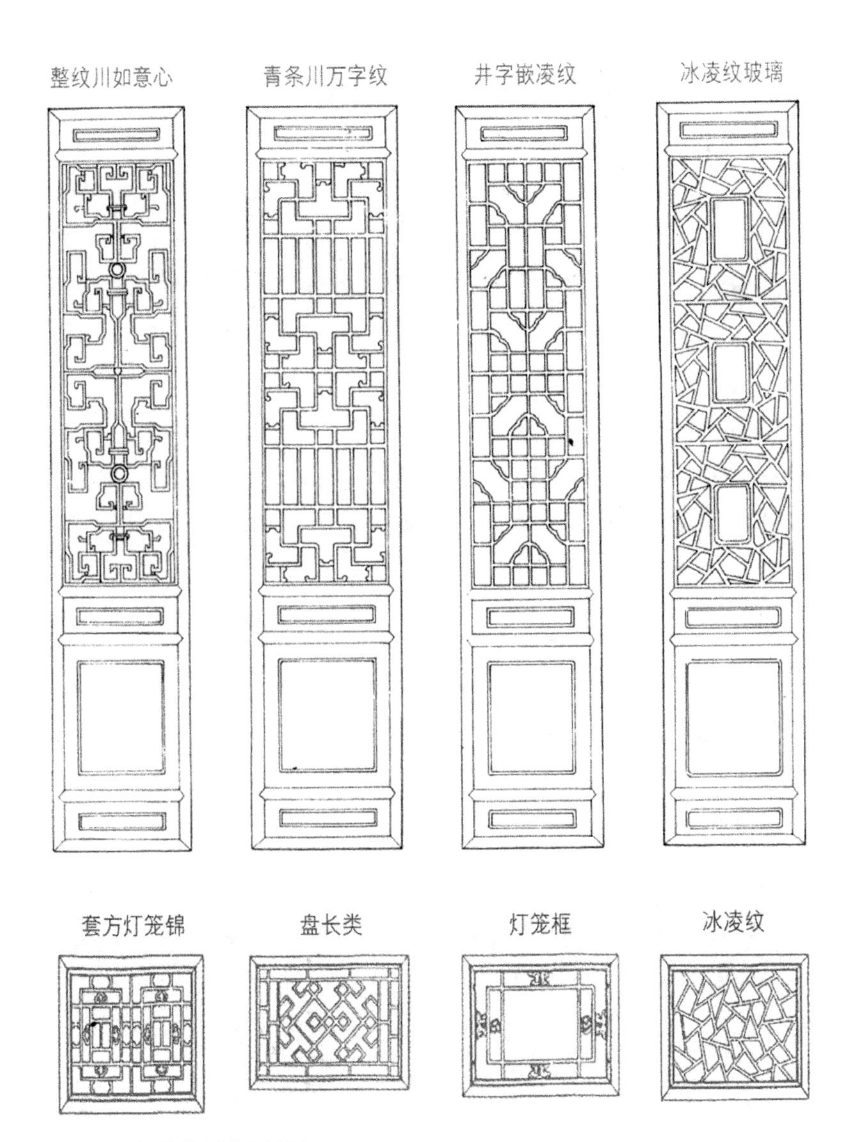

图 4-51　中国传统建筑的隔扇门窗

图 4-52　美国明尼苏达州埃默生别墅

的语言来审视中国传统建筑，因为其几乎是用线条编织的“弱”实体，这是一种对自然尊重的态度和恰当的方式。而某些西方木建筑，如位于美国明尼苏达州东北部的埃默生别墅，是一栋古典的农舍式别墅，其室外墙面采用白色的木材，呈现出斯堪的纳维亚古旧遗风。它在自然的松树林环境中显得如此突兀。由于材料建构方式的不同，同样是对木材的运用，但并不能使建筑的体量感变弱。（图 4-52）在设计中运用松散的“粒子化”的方式就能使建筑形成模糊的轮廓。[1] 这在《隈研吾的材料研究室》[2] 出版的诸多作品中得到了充分地体现。中国民艺博物馆是由排列的瓦片包裹着的建筑。其屋顶、立面、地面都运用了经过改良的本地烧制的瓦片，由于采光需求而形成的疏密变化，使其立面生成了一些韵律和渐变。不论是适宜的形体尺度，还是朴素的本土材料，都以极少的元素来表现建筑的虚无，以少胜多，达到建筑体量感的消失。（图 4-53、图 4-54、图 4-55）又如马头町广重美术馆选用了本土的杉木，长城脚下的竹屋运用了秀丽的竹子，这些

1　[日]隈研吾.隈研吾的材料研究室[M].陆宇星，谭露译.北京：中信出版集团，2020:18.

2　《隈研吾的材料研究室》一书中展示了竹、木、纸、石头、金属、砖瓦、玻璃、树脂、膜/纤维、泥土等 10 类建筑材料。他从材料的多样性，材料的使用方法和几何学三个层面，论述了在新的时代材料是如何决定建筑的。

图 4-53 杭州的中国民艺博物馆

图 4-54 杭州的中国民艺博物馆室内

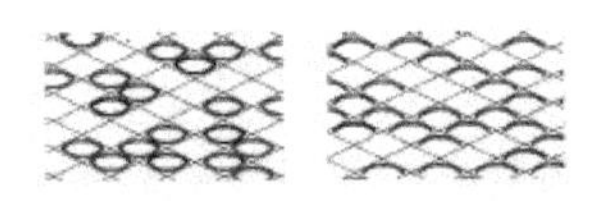

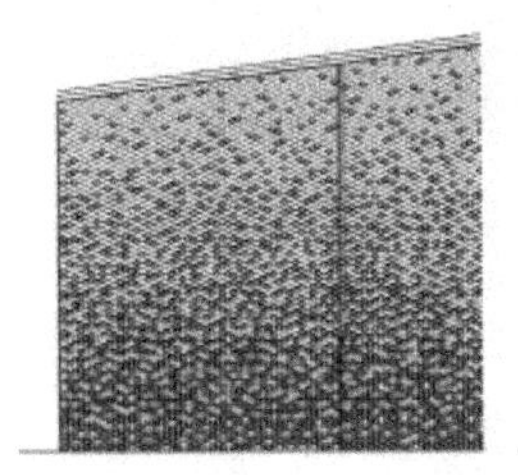

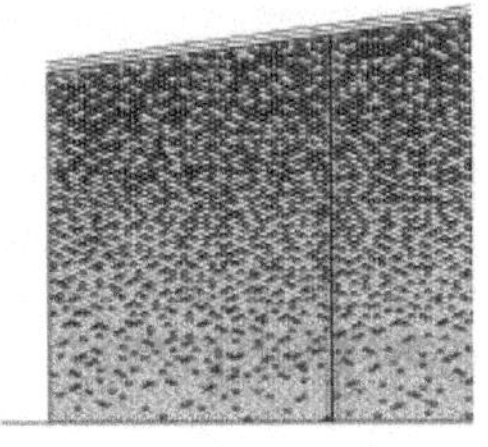

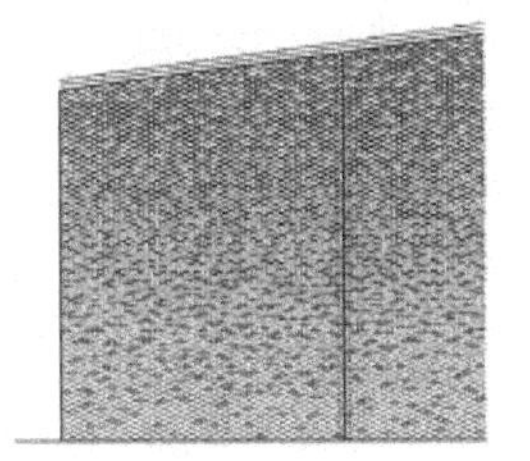

图 4-55 杭州的中国民艺博物馆瓦片立面示意图

都是限研吾利用自然的材料以特殊的建构方式创造的弱建筑。由上可知，通过构造形式的创新，厚重的材料可以塑造出轻盈的空间质感，反之若不加经营，轻薄的材料也会造成笨重的建筑体量。

由于受西方传统观念的影响，希腊神庙是封闭的、雕塑化的，具有强烈的实体感。相较而言，哥特式建筑并不希望把建筑塑造成一个实在的体积，往往呈现出一种双向的动态空间，但在其建筑语言的探讨范围里却忽略了弱化体积这样一种事实。这是因为传统的观念并没有使我们充分领会大师过于超前的创造。而现代主义建筑大师密斯已经非常清楚地在巴塞罗那德国馆的设计中进行不同的尝

图 4-56　芝加哥范斯沃斯住宅

试。20 年后他所设计的芝加哥范斯沃斯住宅，成为了当时最轻巧的一幢建筑。它由 8 根柱子作为支撑骨架，其钢结构框架使整个建筑形体轻盈地矗立在未经破坏的自然环境中。其建筑实体已经开始弱化，除了承重结构和隔墙为实体外，其余都是无形无影的玻璃。自然生长的树林前后环绕掩映着建筑，地面轻柔地铺着枯叶残枝，相互衬托成为环境的要素。当视线停留在这幢建筑上时，会给人神清气爽的感觉，因为建筑与自然的紧张关系被淡化了。它的透质界面打破了西方传统的封闭而内向的空间形式，建筑常有的雕塑般的实体感消失了，转变为空间的体量感，开始体现轻的特质。(图 4-56)雅克·赫尔佐格和皮埃尔·德·梅隆设计的东京 PRADA 精品店通过透明材料和最新的照明技术，使建筑在其所处的环境中产生消隐的感觉。其建筑立面是由编织式的菱形玻璃框格所构成。由于光线在平

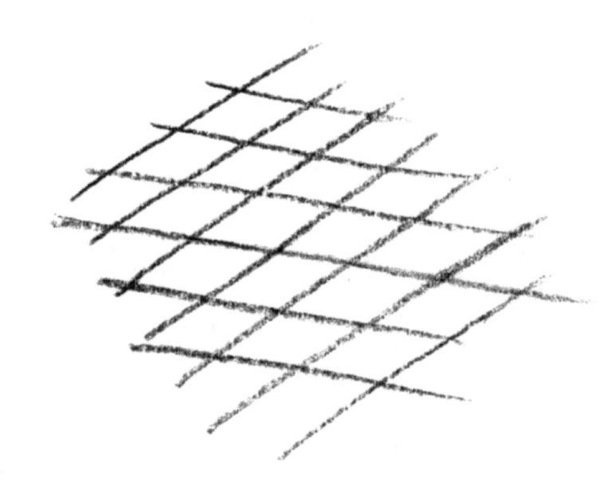

图 4-57　日本东京 PRADA 精品店　　图 4-58　编织示意图

板玻璃和曲面玻璃上反射的角度不同，在不同的观赏角度和日照变化下，其玻璃表面也呈现出变幻莫测的光影效果。它的存在反映了一种拒绝传统的、不分界面的空间秩序，结构的消失，界面的消除，弱化了建筑的体量感。（图 4-57、图 4-58）

体积是封闭的无机物质主要的特征。有生命的有机体是轻盈的，与无机物的不同就在于此。因此，基于自然审美观的风景建筑，需要把握弱原则的精髓——少就是无，想要达到体量感的消失，去除重量感是关键。

六、边缘消解

在自然界中，山、水、石、树、花、草都是一个统一的整体。消解边缘的目的是建筑与环境的隔阂，与环境融为一体。边缘消解

图 4-59　日本东京富士幼儿园

着重于从建筑中心开始向边缘弱化，再过渡到自然空气的虚无。建筑师可以利用多种形式的过渡：空间的过渡，形体的过渡，质感的过渡……

边缘消解是对建筑的边缘进行虚空间的构建。这种手法可以使建筑与环境有更多的对话，而不是以自我为中心的表达。现代主义建筑已经开始进行虚角的处理，比如设计大量的檐下空间，运用悬挑或架空建筑体块等设计手法，形成室内外的空间过渡。日本东京富士幼儿园[1]，其环形的建筑利用悬挑的屋檐、大面积开启的落地门、格栅式的栏杆等形式使建筑边缘柔和地存在。既在形式上模糊了室内外的界限，又在功能上让孩子们自由地体验自然。（图 4-59）中国的古亭大多轻盈空透，边缘舒展飘逸。如温州永嘉图苍坡村的“望

1　由日本的手冢贵晴和手冢由比设计，是世界上最优秀的教育建筑之一。建筑师利用屋顶与地面的高差设计了连接中心户外空间的滑梯和楼梯，保留场地原有的大榉树设置了攀爬的绳网，利用平屋顶设置了环形活动空间及采光天窗。这些设计都让孩子们可以上天入地地拥有全新的自然体验。

图 4-60　雄鹰

图 4-61　中国古亭立面示意图

图 4-62　温州望兄亭

兄亭”飞檐飞角体现其飘逸之感，宛若一只雄鹰欲展翅高飞。（图 4-60、图 4-61、图 4-62）而西方神庙屋顶则往往作为墙体的延伸，

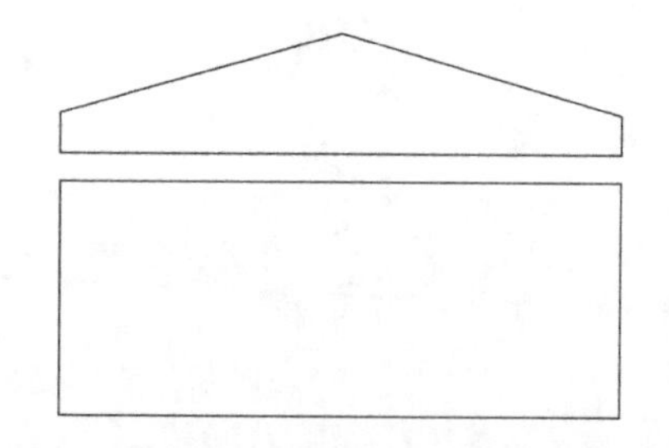

图 4-63　雅典的希腊神庙立面几何图

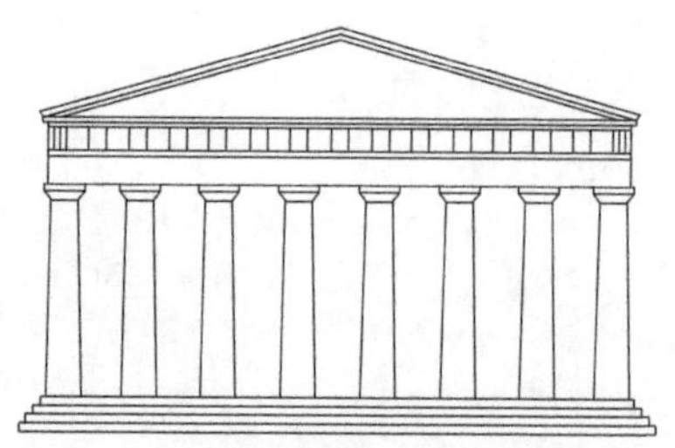

图 4-64　雅典的希腊神庙立面图

图 4-65　雅典的希腊神庙

隐藏于门楣之后。如希腊神庙，其屋身由墙壁负重，立面外围则是由石柱支撑作为装饰。从侧立面看，其呈现出完整、强烈的几何边缘，这也是其显得厚重、孤立的一个原因。（图 4-63、图 4-64、图 4-65）架空的手法在功能上既能有效地减少对地形的破坏，又能改

图 4-66　云南瑞丽傣族民居

善通风不佳的状况，从而避免建筑底部受潮以及病虫害的侵蚀，发挥生态效能。在视觉上，架空空间能将外部景观纳入其中，使人、建筑与环境有更多的交流。云南瑞丽的傣族民居在结构原理上与木造的干栏式建筑十分相似。其挑檐的大屋顶和轻盈虚空的架空空间都构成了边缘消解的建筑语言。（图 4-66）凌空悬挑于岩石和瀑布之上的流水别墅，其轻盈悬挑的混凝土平台相互进退、高低错落，逐渐削弱了中心的实体部分，以一种扁平的形体从边缘进行消解。（图 4-67、图 4-68）东京葛西临海水族园，建筑实体外被一个穹隆形的金属网格笼罩，从内部的实体过渡到外部的虚体，最终消解于空中。（图 4-69）这些建筑空间上的消解，都能形成一个与自然背景相融的

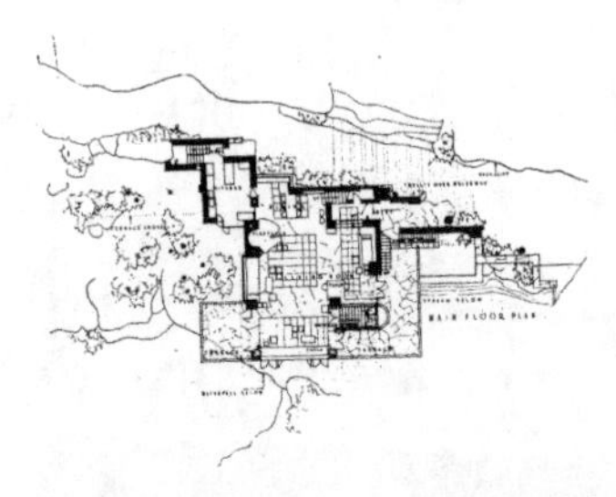

图 4-67　美国匹兹堡流水别墅平面图

图 4-68　美国匹兹堡流水别墅

图 4-69　日本东京葛西临海水族园

图 4-70　苏州拙政园中部香洲

富有美感的建筑外观。

形体上的边缘消解是指建筑形体与环境的形体相呼应而使建筑融入自然。它可以利用散构、退阶等设计手法，形成建筑与环境的形体过渡。中国园林建筑就是运用散构手法的典型。（图 4-70）它们就像郑板桥画的竹子一样疏朗、活跃。（图 4-71）风景建筑需要利用这种方法使宏大的建筑变得平易近人，不会与环境产生强烈的矛盾

图 4-71 清代郑板桥《墨竹》

图 4-72　西班牙巴塞罗那新植物园

与冲突。西班牙巴塞罗那新植物园，其入口建筑顶部的倾斜角度与屋顶草坡的坡度相一致，水边挡土护墙的形体也和建筑的墙体相呼应。从建筑的墙体——建筑的雨篷——草坡的挡土墙，形成一种形体的过渡与消解。（图 4-72）皮阿诺设计的芝贝欧文化中心，其外部结构选用的弧形木肋，不仅能阻挡阳光，还能分散风力，外形像是用木条编织的"笼子"，越靠近边界，木条的间距越大，天空对建筑的渗透越强。（图 4-73）空气的流通，视线的穿透，木材的组构，边缘的消解，都令建筑不再是孤立的形体，而是消散的、与自然对话的形体。

建筑质感的过渡需通过不同的材料来体现，从现代机器化的精致

图 4-73　新喀里多尼亚努美阿的芝贝欧文化中心木肋示意图

的金属、玻璃过渡到细腻的人工石材，再到原始、质朴的自然石，最后回归至土地。如帕尔玛别墅，位于一个沙漠动植物的聚集地——美国亚利桑那州图森北面卡塔利纳山麓。其建筑内部是由暖色调的地板和精致的玻璃材料构成。其外墙是建于混凝土基础之上的未加钢筋的夯土墙，与室外砂石地面的质感十分接近。（图 4-74）澳大利亚北部乌卢鲁卡塔·丘塔国家公园文化中心位于阿亚斯山山脚下的沙丘中，从建筑屋顶上的铜皮望板、红木瓦到土砖墙再到红砂土，其建筑材料的过渡使其建筑边缘逐渐模糊，并与沙漠环境融为一体。（图 4-75）

边缘的消解并不是对建筑原本形体的一种破坏与让步，更不是一种保守的修正，而是一种崭新的与自然共生的形体。我们应当关注到自然始终是以一种包容、亲善的样态等待着我们的回归。建筑边缘消解的同时，一场全新的友好的对话已然开始。

图 4-74 美国图森帕尔玛别墅

图 4-75 澳大利亚卡塔·丘塔国家公园文化中心

七、仿生与自然形

在建筑学中，仿生是一种模仿生物系统的结构与行为并将其实现的方法。人类学习生物对外界环境变化的适应性，运用其结构高效低耗的特性，从而实现可持续发展。有一种属于“大自然的几何学”——分形几何，由数学家伯努瓦·曼德布罗特最先阐释。其理论

图 4-76　澳大利亚悉尼歌剧院

的重点在于物体的自我复制，存在着无限的自相似性和自仿射性，其描绘的是自然的形状和韵律。[1]这种分形系统也可以体现在建筑学上。从分形理论的角度看，现代建筑大师赖特和其他一些有机建筑师们已经在其作品中开始呈现分形系统的设计。建于 50 年代的悉尼歌剧院位于悉尼港的蓝天碧水之间。其灵感来源于自然，如海鸟、白云、花朵等，其相互交错的壳体是由同一个球面上截取的形体所构成，犹如一艘巨大的白帆，又似漂浮于水中的白色贝壳。设计师伍重巧妙地借用自然界的原型与四周风景相互交融、相映成趣。虽然建筑整体既壮观又精致，但由于其庞大的体量和厚重的石材界面依然令其成为一个接近自然形的雕塑体。（图 4-76）分形几何为丰富的设计

1　[英]戴维·皮尔逊.新有机建筑[M].董卫等译.南京:江苏科学技术出版社,2003:68.

图 4-77　英国康沃尔伊甸植物园

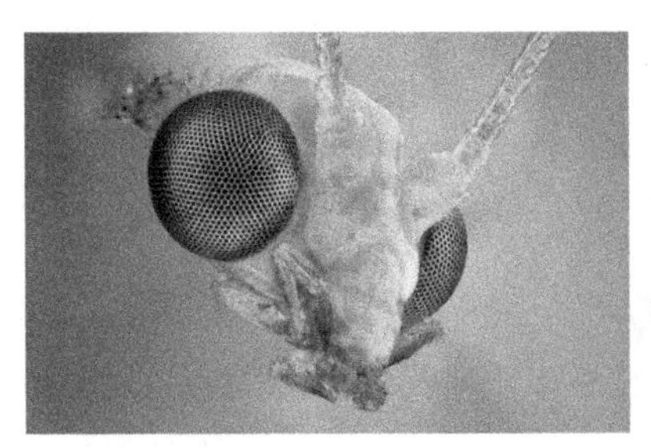

图 4-78　昆虫复眼

图 4-79　蜂巢

构想提供了无限的可能。例如被称为“生物群落”的英国康沃尔伊甸园植物园。（图 4-77）其温室是由 8 座穹顶状建筑连接而成，半透明状的 ETFE 薄膜置于钢结构的穹顶架之上。整个外形像巨大的昆虫复眼，又像大型的蜂巢嵌于土地之中。（图 4-78、图 4-79）一种有机体

图 4-80 海螺

图 4-81 西班牙托雷维耶哈休闲公园建筑模型

的特性以严密的逻辑关系来呈现。

自然形是模仿、抽象或类比一个初始的自然式造型进行演化、发展而成的。它具有较高的复杂性和精细性的生物特征。它不规则的形式是其他图形无法比拟的。尽管形式繁多，但它仍拥有一种可见的序列，这种序列往往受周围环境的变化影响。通过借鉴、模拟自然物可以建立起与周围环境之间的联系，它能把复杂的运动引入到设计中，能增加观者的兴趣，吸引观者的注意力。托雷维耶哈休闲公园，位于西班牙南部，面向着地中海。建筑师为了体现建筑服从自然，顺着沙滩的坡度设计了贝壳形状的建筑。其螺旋式的形体轻盈灵动，使其与海岸景观完美地融为一体。（图 4-80、图 4-81）以色列建筑师泽维·哈克设计的汉斯·格林斯基小学采用了一种含蓄的、有机的隐喻手法，其各个形体围绕着一个中心广场呈旋涡状放射展开，就像一朵盛开的向日葵。其建筑语法是模仿了葵花籽自然生长的逻辑，从广义上来说加强了建筑与自然之间的联系。（图 4-82）扎耶德国家博物馆是阿布扎比酋长国为纪念已故建筑师扎耶德·本·苏尔坦·阿勒德哈扬而建的。其建筑

图 4-82　德国柏林汉斯·格林斯基小学

图 4-83　阿布扎比扎耶德国家博物馆

顶部由 5 个阿联酋国鸟猎鹰的羽翼状形体组成，并从风景优美的岛屿上伸展开来。建筑师诺曼·福斯特认为其形象展示了扎耶德对大自然的热爱。（图 4-83）

风景建筑的仿生与自然形的手法不仅从生物的内部结构和构造组织出发，还可以从自然原型的外部形态和运动方式入手。如位于瑞士伯尔尼郊区的保罗·克利艺术中心，其周边山体起伏的地形激发了建筑师的灵感。他将钢梁下降或上扬的曲线轮廓，从背面的土地里升起以形成正面壮观的弓形结构。其逐渐变小的拱顶形体像三重唱似的突起于场地之上，它模拟着周围柔和的波动起伏的景观。每一个拱顶都延伸至地里，将植被种植于“山谷”之间，使建筑自然地融入山体。（图 4-84、图 4-85）日本轻井泽星野石之教堂，矗立于森林之中，像是浑然天成的山体。其建筑颠覆了古典主义和现代主义教堂的形式，是由上部大跨度的弧形混凝土结构与基部的当地石块砌筑而成，结构之间再嵌入玻璃进行采光。设计师根据日照的角度，将混凝土拱形框架排布成被推倒后的多米诺骨牌的方式。其目的是让自然光充分地射入教堂，不仅能照亮教堂内部，还能使

图 4-84　瑞士伯尔尼艺术博物馆

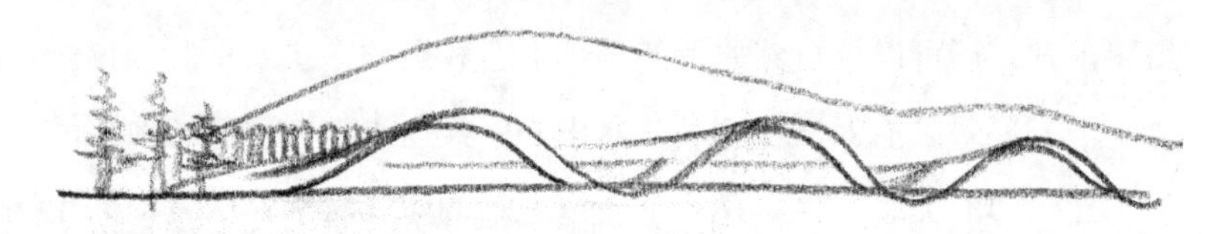

图 4-85　瑞士伯尔尼艺术博物馆示意图

其表达出不同的情绪。它是一座真正展现时空的自然的教堂。（图 4-86、图 4-87、图 4-88）

自然本身的产生必然是自然的并具有内在逻辑的。仿生与自然形的手法代表着一种对自然的“诚恳”，既要通过场地中各种自然因素对建筑进行自外而内的分析，又要符合建筑内在的生长逻辑，同时平衡各种影响建筑形式的内外因。这就像一棵树，其成长过程既受自身遗传密码的影响，也受各种自然力量的左右。因此，我们需

图 4-86　日本星野石之教堂

图 4-87　日本星野石之教堂示意图

图 4-88　日本星野石之教堂室内

要汲取自然界生命的规律，将其设计灵感用于建筑创作中，使建筑像自然造物那样在所处的背景中和谐生长。当建筑有这样一份“诚恳”的态度时，建筑与自然的关系就不只是形体上的相似，而是一种有机的、浑然一体的关系。

八、呼吸的表皮

呼吸是指自然界生命物质吐纳的过程，是生命物质内部与自然之间的交流。表皮的原始概念是与生物学有关，其强调一种保护性。在建筑中，它是指包裹在形体之外的，最直观的围护结构。其功能应同皮肤功能一样，可以适应外界环境的变化。其限定着体量与空间，尺寸、形状、色彩、质感等特性都决定了其限定形式的视觉特征。呼吸的表皮语言是促使建筑内部与外界有更多的交融。它不仅可以表达建筑的内容，还可以创造出建筑之外的影像，使建筑可以承载建筑本体之外的意义和感受。西方传统文化中的自然审美意识往往体现出自然之上的高卓感。因此，众多建筑是对人类力量的表现，是凌驾于自然之上的、理性的、雕塑化的，其表皮也是密实封闭的。而在自然审美观指导下的风景建筑，应放弃坚硬平滑的表面，创造一种“流动”渗透的艺术效果。通过创作让人感受这种渗透，虚则含，含空气，含阳光。

建筑表皮具有多样化的功能，其一为纳入光线并呈现美妙的光影效果。建筑发展史是追求光的历史，它有两个重要阶段——量与质。现代主义早期建筑处于量的阶段，追求大量的光线；随后逐渐进入质的阶段，开始追求光影的效果，是光对空间和空间内实体的作用。建于20世纪80年代的梅尼尔收藏艺术馆，其最具特色的构件就是那些有序排列的混凝土“叶片”。其被置于天花板之上，通过其弧面将阳光柔和地射入艺术馆之中。（图4-89）它是在80年代装饰性的后现代主义建筑和理查德·迈耶、贝聿铭那些正统的现代主义建筑之外，发展的另一种方向，因为它已经开始关注并表达自然的光线。大量的现代主义建筑是追求光对体积的塑造。而风景建筑是直接对于光本身的诉求，如光影等。让·努维尔设计的巴黎阿拉伯世界协会，其立面是利用相机快门的原理设计的开窗系统控制构件，调控着光线的射入量，就像人体表面的毛孔一样，会随环境的变

图4-89　美国休斯敦梅尼尔收藏艺术馆

图 4-90　法国巴黎阿拉伯世界协会

化而收缩、张开。（图 4-90）

自然界的所有生物都需要空气。风景建筑的表皮是通过空气对其进行腐蚀来显示自然的力量。美国旧金山 de Young 美术馆就创造了一种艺术性的表面。其建筑立面的铜材料由于氧化作用，会改变自身的性质，渐渐呈现出绿色的锈斑，显示出一种时间的象征意义，像是经过了岁月的侵蚀仍然屹立于这片土地之上。同时，其打了孔的铜表皮设计也表达了光线透过树叶的概念，与周围茂密的树林环境形成共鸣。（图 4-91、4-92）建筑表皮的变幻给人有机生命的感觉。如位于雅拉河畔的墨尔本联邦广场建筑群，其表皮形式与基于网格、轴线系统或者几何对称的排布方式相反，是一个图形化的生成过程。设计师运用了分形几何的三维化表达，利用内部表面的装饰将墙体分为不同的网络，其内层为钢结构玻璃，外层为各种金属板和石板。

图 4-91　美国旧金山 De Young 美术馆

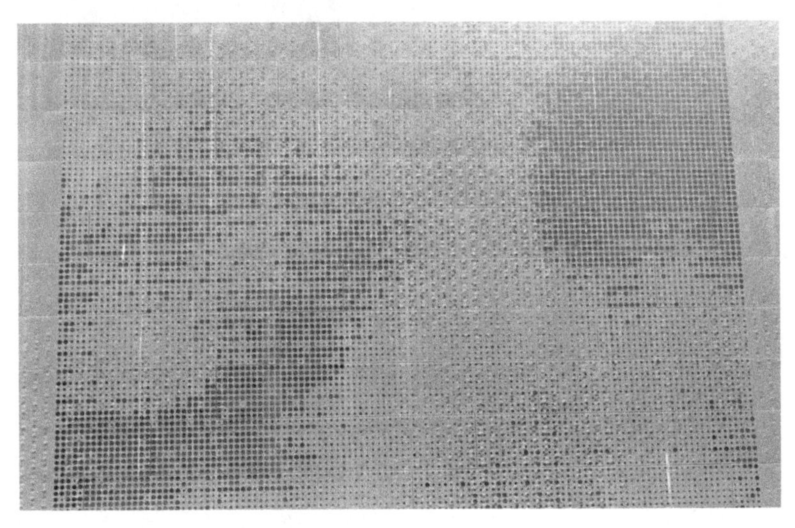

图 4-92　美国旧金山 De Young 美术馆表皮细节

图 4-93　澳大利亚墨尔本联邦广场

这些元素看似错综复杂，实际上三角形的图式却暗示着某种生成规律，创造了不同的可以被分析和延伸的关联元素。其设计模式在建筑内外反复出现，使其表面变幻莫测，也会随天气的变化而呈现出不一样的表情。假如环视建筑、河流和公园，我们就会发现它比周边所有的建筑更能与自然相融。（图 4-93、图 4-94）

纯表皮的建筑是以纯装饰为目的的建筑。如日本六本木新城的 LV 专卖店，其表皮由两部分组成，外层是延伸并相对着插入的玻璃管，内层是象征其商标的金属环。虽然其立面在光线的漫反射下会形成一些光影的变化，但充其量只是一个较为肤浅的表皮建筑。

图 4-94　澳大利亚墨尔本联邦广场室内

（图 4-95、图 4-96）生态建筑的表皮是以节能功用为目的。如德国汉诺威贸易博览会办公大楼，其建筑表皮被设计成双层立面，可调节其外层的玻璃将新鲜的空气纳入，利用热气上升的原理，将其从上空抽出并进入热交换系统。这样的表皮设计既能降低建筑的能耗，又能提高在室内使用的舒适性，并实现可持续发展。（图 4-97、图 4-98）风景建筑的表皮则是以自然与建筑内部相互交融为目的，追求生态性的同时也注重视觉上的效果。北京市房山区周口店遗址保护棚立于遗址深坑之上，由于遗址本体面临着诸多地质病害、人为污染、地形地貌的改变等问题，因此其被设计成依山就势的双层表皮。内表皮为模拟原始山洞的材质，外表皮则是集绿化、通风、排

图 4-95　日本六本木新城 LV 专卖店

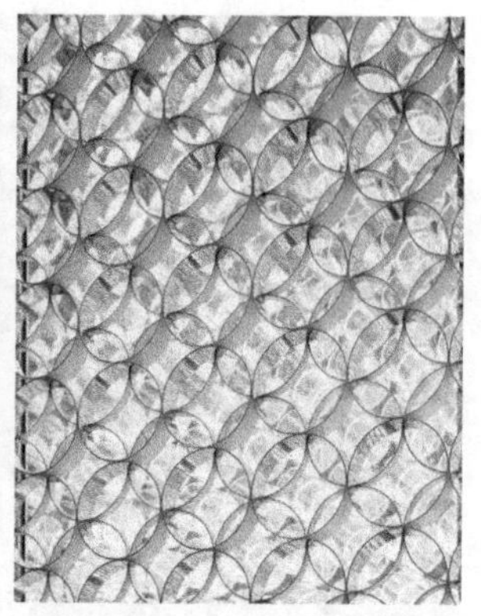

图 4-96　日本六本木新城 LV 专卖店表皮细节

图 4-97　德国汉诺威贸易博览会办公大楼

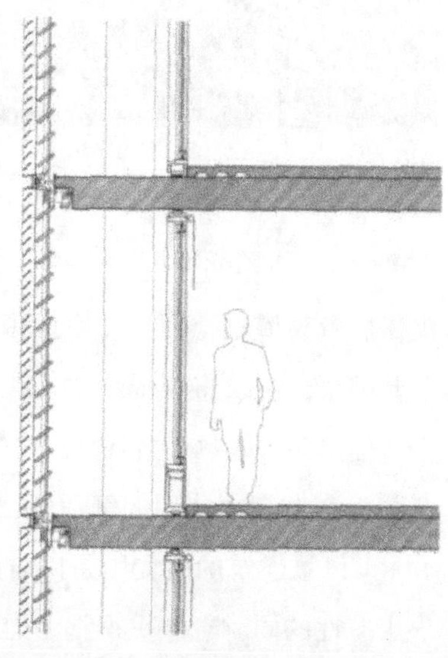

图 4-98　德国汉诺威贸易博览会办公大楼双层表皮构造图

图 4-99　北京周口店遗址保护建筑

水等功能于一身的构造。其层叠的外表皮既能将雨水引流，使本体免遭风雨的侵袭，又能适度地通风，使其保持适宜的湿度和温度。保护棚采用最小的体量、壳体钢结构、多功能的表皮等手法，使其隐于山林之中。（图 4-99）

一切接触均从表皮开始。曾经的表皮是一种界限，冰冷的面目承担着单一的使命；如今的表皮是一种无限，缤纷的舞台孕育着一份交流的革命。呼吸的表皮是一种建筑对自然的态度，也是对自身的思考和对自然的回归。疲惫的建筑重新开始从自然中汲取营养，渴望在自然的天空下沐浴生长。

第五章　走向未来的建筑诗

当前人们面临着比以往更加严峻的生存挑战。在自然环境方面，原生环境的破坏，物种的消逝，生态伦理的崩塌等情况使人们陷入与自然对峙割裂的困境；在社会环境方面，技术的革新和数字信息化时代的到来，一方面全球化使人类超出国家和区域成为命运共同体，另一方面互联网等科技的进步开始消解实体空间的存在意义。人们生活在一个不断加速并难以停歇的社会之中，一边寻找自然，希望从中找到解放的突破口，一边又紧追时代，成为社会潮汐中的赶路人。在当今多元化的现代社会里要实现建筑与自然环境的完美融合，对设计师来讲是一场严肃而充满困难的挑战。

技术的进步和信息的流通给建筑带来新的机遇和困境，建筑和环境的沟通方式成为人与自然关系的具象表达。建筑所蕴含的内在意义以及建筑工程所涉及的价值变得更加复杂，建筑同空间品牌、地域特色、建筑师个性、技术指标、时代特征等高度关联，若设计师难以权衡其间的主次，便容易使建筑成为个人解读的小众艺术品，或是资本压制下的模块化工艺品，抑或是主流文化下的大众快销品。

图 5-1　河北三河市天子大酒店

而正是这些“品类”建筑瓦解了筑造最初带来的意义，其使建筑单向成为“人”的产物，而与环境无关。现有的许多空间都面临着这种建筑的挑战，其中充斥着各种奇葩建筑、网红建筑，以夸张怪异的结构和浮夸肤浅的形态夺人眼球。如被评为世界最大的象形建筑——河北省三河市天子大酒店，其造型为“福禄寿”，并辅以鲜艳的色彩。其如同一座巨型的中国传统雕塑，僵硬地立于城市之中，在建筑功能和美学上没有丝毫可圈点之处，徒以外形和寓意作为噱头，失了建筑的根本。（图 5-1）呈环形状的广东清远黄腾峡天门悬廊玻璃桥，其造型酷似网球拍，每当夜幕降临就会射出七彩的灯光。这座获得了 8 项吉尼斯纪录的巨型悬廊玻璃桥同周边山体环境的关系完全割裂，走在其中的人们悬置于山体之上，仿佛获得了睥睨万物的上帝视角，与 20 世纪以来人们所追求的与自然共生的建筑理念完全背道而驰。（图 5-2）又如河北省鹿泉灵山景区内名为“财富塔”的元宝塔，以几十个金元宝的造型构成塔的主体，直白地点出追求财富的理念，建筑形式语言的露骨具象与中国传统文化中的内敛含蓄形成强烈的对比。元宝塔采用传统中式建筑的形制却又不见半点传统美学的风骨，怪异至极！（图 5-3）此类案例在当下建筑环境中并不少见，在批判的同时我们

图 5-2　广东清远黄腾峡天门悬廊玻璃桥

图 5-3　河北鹿泉灵山景区元宝塔

也需要反思，建筑为何出现这种局面，其中有多少是过去的基因又有多少是当下的语言。建筑发展至今依旧有很长的路要走，其需要的不仅是对过去的总结，还有对现在的更新，更重要的是如何面向未来。

再次回到建筑本身意义的讨论，究竟什么样的建筑是具有价值的？隈研武以“负建筑”一词概述了他对 20 世纪以来建筑的认知。

建筑真的存有胜负吗？抛去那些华丽的视觉效果，繁复的形式语言，刻意的象征隐喻，建筑可以成为真正的栖居吗？关于面向未来的建筑的讨论，建筑师、建筑评论家甚至群众都会有自己的答案。风景建筑给出的回应是存在于环境中的建筑势必要与环境发生关联，自然是环境的最大阈值，面向未来的建筑需要同环境共生。所以风景建筑挑战那些静态、惰性、自闭、生硬、自我的建筑观念，其体现了建筑与自然的统一与融合，也促进了人与自然之间的交流。

建筑语言取决于人的观念。当把建筑看作雕塑时，人们会选择古典建筑语言，它注重造型，追求比例、对称、韵律等；当把建筑看作“居住的机器”时，则会选择现代建筑语言，它强调按功能进行设计，非对称和不协调性、反古典的三维透视法等[1]；只有把建筑看作自然环境的要素并在自然审美观的指导下，才会创造出从属于自然的风景建筑语言，它强调自由与非秩序、图底反转、多维透视、非线性反三维图视法、反雕塑的弱原则、边缘消解、仿生与自然形、呼吸的表皮等。

本书中所论述的风景建筑形式语言，还仅仅是一个初步的探索。因为其中还有许多问题需要我们去深入研究。在这里需要说明，本书一再强调“风景建筑”是一种人为的定义，并非为了给单个建筑进行区分的一种有用的工具，而是为了方便研究而定义的一种概念。“风景建筑”包含着模糊性，它在很多时候并不能与其他建筑严格地区分。风景建筑法则参考了不少现代建筑大师的代表作品，或许当中有些建筑不是风景建筑，甚至处于城市化环境中的建筑。虽然它们不一定具备语言的纯粹性，但它们已经注意到与自然的关

---

1 顾孟潮 . 当代中国建筑艺术的危机与其他 [J]. 建筑 ,2016(12):62-63.

系并开始使用自然的要素。因此它们介于“普通建筑”与“风景建筑”之间，这就像红色与橙色之间有一个非红非橙的区间，这种界限不清并不妨碍我们用这些处于模糊界限之中的作品来分析风景建筑的定义。

“风景建筑”关注的是建筑与自然的关系，因此它是建立在自然的哲学和美学体系之上的。风景建筑语言总结出一种建筑与自然相融、建筑服从自然的语言体系。这种自然建筑意识不局限于来自东方或者西方，而是要求以更为广阔的全球视角去审视人类共同生存的家园。我们希望建筑师或是建筑行业的从业者们，以这种建筑意识对人与自然的关系进行再思考。在当下的情景中，似乎很难要求所有建筑都严格并且充分体现所有风景建筑的语言法则，甚至在未来类似的法则会进一步增多，但我们还是期望建筑可以朝着与自然共生的方向去发展，哪怕只满足部分的法则要求。当人们用风景建筑的语言去思考如何构建居所时，这套语言也同时成为了评估的指标，除去实际带来的关于功能、生态、可持续等设计价值之外，更多的是人们在建造中开始思考栖居的意义，并真正地将建筑视为身体和环境的衍生而不是独立的客体。

风景建筑的形式语言是灵活且自由的。在本书提出的 8 条法则中，从自由的排布方式到呼吸的表皮，这些形式语言在一定程度上存在着交叉和内在的联系。它们是按平面、形体、表面这一逻辑顺序排列的。自由与非秩序、图底反转是平面上的形式语言；多维透视、非线性反三维图视法、反雕塑的弱原则、边缘消解、仿生与自然形是形体上的形式语言；呼吸的表皮则是表面上的形式语言。这些法则之间存有微妙的联系，它们彼此交叉叠加。在使用非线性反三维图视法时，总难以避开对自由和非秩序法则的运用。采用边缘消解的法则促使建筑与自然更好地交融，这同时也达成了反雕塑的弱原则的目的。仿生与自然形的实现往往伴随着多方面设计手法的结合，其中非线性反三维视图法、呼吸的表皮等原则都是创造仿生与自然形建筑形态的有效手段。风景建筑形式语言具有“互文”的关系，不同的法则之间具有紧密的关联，因此一座优秀的风景建筑往往含有丰富的建筑语言和修辞手法。在随着风景建筑研究的深入，关于其建筑语言的法则也会随着理论和技术的更新而有所增益，同时其涉及范围也会辐射到更多的区域。建筑从属于自然、建筑与自然相融已经成为一种潮流，城市其他建筑也可能在探讨与自然相融，非风景建筑中也有风景建筑所采用的语言结构或语汇，所以风景建筑的语言也会适用于许多非“风景建筑”，就像诗意并非只在诗歌中出现一样。

图版来源

图 1-1　作者自绘

图 2-1　姜今，姜慧慧 . 设计艺术 [M]. 长沙 : 湖南美术出版社，1987.

表 2-1　冯纪忠 . 人与自然——从比较园林史看建筑发展趋势 [J]. 中国园林，2010，26(11).

图 3-1　汪森强 . 水脉宏村 [M]. 南京 : 江苏美术出版社，2004.

图 3-2　汪森强 . 水脉宏村 [M]. 南京 : 江苏美术出版社，2004.

图 3-3　作者自绘

图 3-4　作者自绘

图 3-5　作者自绘

图 3-6　作者改绘

图 3-7　［美］约翰 · 拉滕伯里 . 生长的建筑 : 赖特与塔里埃森建筑师事务所 [M]. 蔡红译 . 北京 : 知识产权出版社，中国水利水电出版社，2004.

图 3-8　https://bbs.zhulong.com/101010_group_201808/detail10002545/.

图 3-9　周浩明，张晓东 . 生态建筑 : 面向未来的建筑 [M]. 南京 : 东南大学出版社，2002.

图 4-1　［英］彼得 · 默里著 . 文艺复兴建筑 [M]. 王贵祥译 . 北京 : 中国建筑工业出版社，1999.

图 4-2　［意］曼弗雷多 · 塔夫里，弗朗切斯科 · 达尔科 . 现代建筑 [M]. 刘先觉等译 . 北京 : 中国建筑工业出版社，2000.

图 4-3　葛鹏仁 . 西方现代艺术 · 后现代艺术 [M]. 长春 : 吉林美术出版社，2005.

图 4-4 ［美］罗杰・H・克拉克，迈克尔・波斯 . 世界建筑大师名作图析 (原著第四版)[M]. 卢健松，包志禹译 . 北京 : 中国建筑工业出版社，2016.

图 4-5 吴晓淇摄

图 4-6 https://bbs.zhulong.com/101010_group_678/detail42932925/.

图 4-7 陈志华 . 外国建筑史 (19 世纪末叶以前)(第 4 版)[M]. 北京 : 中国建筑工业出版社，2010.

图 4-8 纪江红 . 中国传世山水画 (上)[M]. 北京 : 北京出版社，2004.

图 4-9 何兆兴 . 古风——中国古代建筑艺术・老书院 [M]. 北京 : 人民美术出版社，2003.

图 4-10 作者自绘

图 4-11 作者改绘

图 4-12 程大锦 . 建筑 : 形式、空间和秩序 (第三版)[M]. 刘丛红译 . 天津 : 天津大学出版社，2008.

图 4-13 程大锦 . 建筑 : 形式、空间和秩序 (第三版)[M]. 刘丛红译 . 天津 : 天津大学出版社，2008.

图 4-14 程大锦 . 建筑 : 形式、空间和秩序 (第三版)[M]. 刘丛红译 . 天津 : 天津大学出版社，2008.

图 4-15 程大锦 . 建筑 : 形式、空间和秩序 (第三版)[M]. 刘丛红译 . 天津 : 天津大学出版社，2008.

图 4-16 ［日］Landscapedesign 杂志社 . 日本最新景观设计 3[M]. 刘云俊译 . 大连 : 大连理工大学出版社，沈阳 : 辽宁科学技术出版社，2001.

图 4-17 ［日］Landscapedesign 杂志社 . 日本最新景观设计 3[M]. 刘云俊译 . 大连 : 大连理工大学出版社，沈阳 : 辽宁科学技术出版社，2001.

图 4-18 王建国，张彤 . 安藤忠雄 : 国外著名建筑师丛书第 3 辑 [M]. 北京 : 中国建筑工业出版社，1999.

图 4-19 胡延利，陈宙颖 . 世界著名建筑事务所新作精选 3[M]. 北京 : 中国科学技术出版社，上林国际文化有限公司，2005.

图 4-20 胡延利，陈宙颖 . 世界著名建筑事务所新作精选 3[M]. 北京 : 中国科学技术出版社，上林国际文化有限公司，2005.

图 4-21 作者自摄

图 4-22 谷歌在线地图

图 4-23 徐洁，何韦 . 杭州新景观 : 西湖・西溪双西合璧 [M]. 沈阳 : 辽宁科学技术出版社，2006.

图 4-24　作者自摄

图 4-25　［英］乔纳森・格兰锡 .20 世纪建筑 [M]. 李洁修，段成功译 . 北京：中国青年出版社，2002.

图 4-26　作者自摄

图 4-27　窦以德 . 詹姆斯・斯特林：国外著名建筑师丛书第二辑 [M]. 北京：中国建筑工业出版社，1993.

图 4-28　作者自摄

图 4-29　作者改绘

图 4-30　作者自摄

图 4-31　https://zhuanlan.zhihu.com/p/33788453.

图 4-32　孙力扬，周静敏 . 景观与建筑：融于风景和水景中的建筑 [M]. 北京：中国建筑工业出版社，2004.

图 4-33　郭玉山 . 从非线性看——扎哈・哈迪德的建筑设计概念 [J]. 中外建筑，2017(06).

图 4-34　https://www.sohu.com/a/343193599_725681.

图 4-35　https://pp.fengniao.com/9348241.html.

图 4-36　作者自摄

图 4-37　作者自绘

图 4-38　https://www.archdaily.com/554132/ad-classics-yokohama-international-passenger-terminal-foreign-office-architects-foa/5420792ec07a800de500000e-ad-classics-yokohama-international-passenger-terminal-foreign-office-architects-foa-photo.

图 4-39　周浩明，张晓东 . 生态建筑：面向未来的建筑 [M]. 南京：东南大学出版社，2002.

图 4-40　瓦伦丁・比尔斯，安德里亚・德普拉塞斯，丹尼尔・拉德纳，黄怀海 . 卡门纳缆车站，阿罗萨，瑞士 [J]. 世界建筑，2007(04).

图 4-41　https://www.uniqueway.com/countries_pois/xvRmoAGX.html.

图 4-42　作者自绘

图 4-43　http://www.deshaus.com/Cn/Script/detail/catid/4/id/30.html.

图 4-44　KUMA.Futagawa，Ed.GAArchitect19:KengoKuma[M].Tokyo，2005.

图 4-45　https://bbs.zhulong.com/101010_group_201808/detail10025958/.

图 4-46　隈研吾 . 上海 Z58[J]. 世界建筑，2006(11).

图 4-47　https://www.sohu.com/a/109854657_446744.

图 4-48 [日] 隈研吾 . 隈研吾的材料研究室 [M]. 陆宇星，谭露译 . 北京 : 中信出版集团，2020.

图 4-49 作者自绘

图 4-50 作者自摄

图 4-51 赵广超 . 不只中国木建筑 [M]. 上海 : 中华书局，2018.

图 4-52 [美] 詹姆斯 · 格雷森 · 特鲁洛夫，金义 . 美国最新别墅设计实录 [M]. 李斯平译 . 昆明 : 云南科技出版社，2002.

图 4-53 丁川 . 隐于群山的博物馆 : 中国美术学院民俗艺术博物馆 [J]. 室内设计与装修，2016(06).

图 4-54 [日] 隈研吾 . 隈研吾的材料研究室 [M]. 陆宇星，谭露译 . 北京 : 中信出版集团，2020.

图 4-55 丁川 . 隐于群山的博物馆 : 中国美术学院民俗艺术博物馆 [J]. 室内设计与装修，2016(06).

图 4-56 作者自绘

图 4-57 作者自摄

图 4-58 作者自绘

图 4-59 https://bbs.zhulong.com/101020_group_201874/detail10122650/.

图 4-60 作者自绘

图 4-61 作者自绘

图 4-62 作者自绘

图 4-63 作者自绘

图 4-64 作者自绘

图 4-65 作者自摄

图 4-66 作者自绘

图 4-67 项秉仁 . 赖特 [M]. 北京 : 中国建筑工业出版社，1992.

图 4-68 程大锦 . 建筑 : 形式、空间和秩序 (第三版)[M]. 刘丛红译 . 天津 : 天津大学出版社，2008.

图 4-69 孙力扬，周静敏 . 景观与建筑 : 融于风景和水景中的建筑 [M]. 北京 : 中国建筑工业出版社，2004.

图 4-70 作者自绘

图 4-71 http://images.69ys.com/paimai/2015/11/23/1484/paipin/201511232328073350237196.jpg.

图 4-72　孙力扬，周静敏 . 景观与建筑 : 融于风景和水景中的建筑 [M]. 北京 : 中国建筑工业出版社，2004.

图 4-73　作者自绘

图 4-74　［美］詹姆斯 · 格雷森 · 特鲁洛夫，金义 . 美国最新别墅设计实录 [M]. 李斯平译 . 昆明 : 云南科技出版社，2002.

图 4-75　周浩明，张晓东 . 生态建筑 : 面向未来的建筑 [M]. 南京 : 东南大学出版社，2002.

图 4-76　作者自摄

图 4-77　作者自摄

图 4-78　https://cn.best-wallpaper.net/The-insect-compound-eye-macro_wallpapers.html.

图 4-79　https://www.sohu.com/a/381444845_99894222.

图 4-80　https://www.2008php.com/tuku/951825.html.

图 4-81　大师系列丛书编辑部 . 伊东丰雄的作品与思想 [M]. 北京 : 中国电力出版社，2005.

图 4-82　孙力扬，周静敏 . 景观与建筑 : 融于风景和水景中的建筑 [M]. 北京 : 中国建筑工业出版社，2004.

图 4-83　https://bbs.zhulong.com/101010_group_201808/detail10044432/.

图 4-84　https://www.douban.com/photos/photo/2284403398/large.

图 4-85　作者自绘

图 4-86　http://5b0988e595225.cdn.sohucs.com/images/20180202/f55805c0b45c465a99d54a1b737d7f40.jpeg.

图 4-87　作者自绘

图 4-88　https://bbs.zhulong.com/101020_group_201878/detail30907022/.

图 4-89　［美］彼得 · 布坎南 . 伦佐 · 皮阿诺建筑工作室作品集 (第 1 卷)[M]. 张华译 . 北京 : 机械工业出版社，2003.

图 4-90　［德］赫尔佐格，克里普纳，朗 . 立面构造手册 [M]. 袁海贝贝等译 . 大连 : 大连理工大学出版社，2006.

图 4-91　作者自摄

图 4-92　作者自摄

图 4-93　作者自摄

图 4-94　作者自摄

图 4-95　https://m.sohu.com/a/371221806_697032.

图 4-96　https://m.sohu.com/a/371221806_697032.

图 4-97　托马斯 · 赫尔佐格，汉斯 · 约格 · 施拉德，陈洁 . 德国博览会公司办公大楼，汉诺威，德国 [J]. 世界建筑，2007(06).

图 4-98　托马斯 · 赫尔佐格，汉斯 · 约格 · 施拉德，陈洁 . 德国博览会公司办公大楼，汉诺威，德国 [J]. 世界建筑，2007(06).

图 4-99　崔光海，汪静，余丹丹 . 多维度保护建筑营造——周口店遗址保护建筑 [J]. 风景园林，2021，28(03).

图 5-1　https://www.sohu.com/a/314159203_670475?sec=wd.

图 5-2　http://5b0988e595225.cdn.sohucs.com/images/20190621/5d9a248aaabd476996ee1fa91762b34d.jpeg.

图 5-3　https://www.meipian.cn/1tbksw88.

参考文献

图书

罗文媛，赵明耀 . 建筑形式语言 [M]. 北京 : 中国建筑工业出版社，2001.

陈嘉映 . 语言哲学 [M]. 北京 : 北京大学出版社，2003.

王铭玉 . 语言符号学 [M]. 北京 : 高等教育出版社，2004.

陈伯冲 . 建筑形式论——迈向图象思维 [M]. 北京 : 中国建筑工业出版社，1996.

Siegfried Giedion.Space,Time and Architecture[M].Cambridge:Harvard University Press,2003.

沈语冰 .20 世纪艺术批评 [M]. 杭州 : 中国美术学院出版社，2003.

［美］查尔斯・詹克斯 . 后现代建筑语言 [M]. 李大夏译，北京 : 中国建筑工业出版社，1986.

Bill Hillier,Julienne Hanson.The Social Logic of Space[M].Cambridge: Cambridge University Press,1984.

宗白华 . 美学散步 [M]. 上海 : 上海人民出版社，1981.

［德］马丁・海德格尔 . 路标 [M]. 孙周兴译，北京 : 商务印书馆，2001.

［古希腊］亚里士多德 . 形而上学 [M]. 吴寿彭译，北京 : 商务印书局，1959.

［德］黑格尔 . 美学 [M]. 朱光潜译，北京 : 商务印书馆，1981.

刘成纪 . 自然美的哲学基础 [M]，武汉 : 武汉大学出版社，2008.

［美］亨利・戴维・梭罗 . 瓦尔登湖 [M]. 徐迟译，长春 : 吉林人民出版社，1999.

［美］利奥波德．沙乡年鉴 [M]. 侯文蕙译，长春 : 吉林人民出版社，1997.

陈其荣 . 自然哲学 [M]. 上海 : 复旦大学出版社，2004.

Henry David Thoreau,Walden[M].NewYork:Norton,1966.

［加］简·雅各布斯 . 美国大城市的死与生 [M]. 金衡山译，南京 : 译林出版社，2005.

杜顺宝 . 中国建筑艺术全集 (风景建筑)[M]. 北京 : 中国建筑工业出版社，2001.

［法］勒·柯布西耶 . 走向新建筑 [M]. 陈志华译，西安 : 陕西师范大学出版社，2004.

［瑞士］维尔纳·布雷泽编 . 东西方的会合 [M]. 北京 : 中国建筑工业出版社，2006.

孙力扬，周静敏著 . 景观与建筑——融于风景和水景中的建筑 [M]. 北京 : 中国建筑工业出版社，2004.

［英］斯宾塞尔·哈特 . 赖特筑居 [M]. 李蕾译，北京 : 中国水利水电出版社，2002.

［美］鲁道夫·阿恩海姆 . 建筑形式的视觉动力 [M]. 北京 : 中国建筑工业出版社，2006.

［美］阿诺德·伯林特 . 环境美学 [M]. 湖南 : 湖南科学技术出版社，2006.

［瑞士］W·博奥席耶编著 . 柯布西耶全集 [M]. 牛燕芳，程超译，北京 : 中国建筑工业出版社，2005.

〔明〕计成著，赵农注释 . 园冶图说 [M]. 山东 : 山东画报出版社，2003.

［德］托马斯·史密特 . 建筑形式的逻辑概念 [M]. 肖毅强译，北京 : 中国建筑工业出版社，2003.

［英］休·奥尔德西一威廉斯 . 当代仿生建筑 [M]. 卢昫伟等译，大连 : 大连理工大学出版社，2004.

程大锦 . 建筑 : 形式、空间和秩序 (第三版)[M]. 刘丛红译，天津 : 天津大学出版社，2008.

马恒君注释 .《周易》全文注释本 [M]. 北京 : 华夏出版社，2008.

王弼注，楼宇烈校释 . 老子道德经注校释 [M]. 北京 : 中华书局，2011.

韩伦译注 . 诗经 [M]. 南昌 : 江西人民出版社，2017.

王天海 . 荀子校释 [M]. 上海 : 上海古籍出版社，2005.

朱立元 . 美学 [M]. 北京 : 高等教育出版社，2001.

曹础基著 . 庄子浅注 [M]. 北京 : 中华书局，2002.

[英]戴维·皮尔逊.新有机建筑[M].董卫等译，南京：江苏科学技术出版社，2003.

[日]隈研吾.隈研吾的材料研究室[M].陆宇星，谭露译，北京：中信出版集团，2020.

期刊

戚雨村.现代语言学的特点和发展趋势[J].外国语(上海外国语学院学报)，1989(05).

布正伟.建筑语言概念的由来与发展[J].新建筑，2000(02).

魏琰，乔治，苏义鼎.比例·美——解读维特鲁威《建筑十书》中的比例理论[J].包装与设计，2019(04).

刘佳妮.基于建筑现象学的江南传统村镇聚落形态分析初探[J].城市建筑，2020，17(05).

赖德霖.解析西方建筑的“文法”和“语汇”——《建筑的古典语言》介绍[J].美术学报，2018(01).

华珺.建筑批评范式的转向——从语言学批评到话语学批评[J].建筑学报，2009(S1).

阴慧玲.建筑语言与迪朗的类型学的差异[J].南方建筑，2005(03).

董军，杨积祥.无为、知止、贵生、爱物——道家生态伦理思想探析[J].学术界，2008(03).

田苑菲.从《世说新语》看魏晋自然美学的审美特征与楚辞传统[J].产业与科技论坛，2017，16(19).

彭立勋.从中西比较看中国园林艺术的审美特点及生态美学价值[J].艺术百家，2012，28(06).

刘滨谊.寻找中国的风景园林[J].中国园林，2014，30(05).

陈望衡.环境美学的兴起[J].郑州大学学报(哲学社会科学版)，2007(03).

谷鹏飞.西方自然美观念的四次转型[J].晋阳学刊，2011，187(4).

苏贤贵.梭罗的自然思想及其生态伦理意蕴[J].北京大学学报(哲学社会科学版)，2002(2).

夏承伯.大自然拥有权利：自然保存主义的立论之基——约翰·缪尔生态伦理思想评介[J].南京林业大学学报(人文社会科学版)，2012，12(3).

薛富兴 . 中国自然审美传统的当代意义 [J]. 云南大学学报 (社会科学版)，2003，(4).

彭锋 . “自然全美”及其科学证明——评卡尔松的“肯定美学”[J]. 陕西师范大学学报 (哲学社会科学版)，2001，(4).

周建萍 . 中日美学思想之比较——以“自然观”影响为中心 [J]. 学术月刊，2011，43(07).

李保峰 . 风景建筑五说 [J]. 中国园林，2019，35(7).

董璁 . 家居必论，野筑惟因 : 风景建筑刍议 [J]. 中国园林，2019，35(07).

李玲 . 詹克斯后现代建筑理论中的生态美学意蕴探微 [J]. 河北学刊，2020，40(5).

鲍玮 . 创造梦想——安藤忠雄长沙岳麓书院登坛“布道”[J]. 室内设计与装修，2004，(8).

张燕来 . 观念与影像——埃兹拉 · 斯托勒与 20 世纪美国现代建筑摄影 [J]. 城市建筑，2017(22).

齐中凯，纪怀禄 . 以表现主义方式存在——信息时代的新表现主义建筑 [J]. 世界建筑，2005(04).

马玉红 . 浅议建筑审美中的生态美 [J]. 广西城镇建设，2005(02).

顾孟潮 . 当代中国建筑艺术的危机与其他 [J]. 建筑，2016(12).

学位论文

程悦 . 建筑语言的困惑与元语言 [D]:[博士学位论文]. 上海 : 同济大学，2006.

报纸

丁来先 . 什么是自然美的深层基础 [N]. 中华读书报，2004.8.4.